JN001174

Dr.中野が徹底解析する
30のキーポイント

30 KEY POINTS THAT DR. NAKANO THOROUGHLY ANALYZES

電気事故の発生原因と対策

中野弘伸 著

Ohmsha

本書に掲載されている会社名・製品名は、一般に各社の登録商標または商標です。

本書を発行するにあたって、内容に誤りのないようできる限りの注意を払いましたが、本書の内容を適用した結果生じたこと、また、適用できなかった結果について、著者、出版社とも一切の責任を負いませんのでご了承ください。

本書は、「著作権法」によって、著作権等の権利が保護されている著作物です。本書の複製権・翻訳権・上映権・譲渡権・公衆送信権（送信可能化権を含む）は著作権者が保有しています。本書の全部または一部につき、無断で転載、複写複製、電子的装置への入力等をされると、著作権等の権利侵害となる場合があります。また、代行業者等の第三者によるスキャンやデジタル化は、たとえ個人や家庭内での利用であっても著作権法上認められておりませんので、ご注意ください。

本書の無断複写は、著作権法上の制限事項を除き、禁じられています。本書の複写複製を希望される場合は、そのつど事前に下記へ連絡して許諾を得てください。

出版者著作権管理機構

（電話 03-5244-5088, FAX 03-5244-5089, e-mail: info@jcopy.or.jp）

JCOPY ＜出版者著作権管理機構 委託出版物＞

まえがき

本書は長年にわたって電気設備で発生した事故について、発生原因の解明を行ってきた経験をもとに、今後、電気事故の発生を可能な限りなくすことを目標として取りまとめたものである。

特に、詳細な分析や実験および検証から、事故の原因解明でわかったことは、その多くが人為的欠陥（ヒューマンエラー）よって発生しているということだ。このヒューマンエラーの発生に起因する要素として、電気設備の施工者、保守管理者、需要家の3者のいずれかが何らかのミスをすることで事故につながっている。

したがって、電気設備に関係する3者が徹底した事故防止の認識を持って施工、保守、管理することが重要である。

電気設備の施工者は最も重要であり、多くの作業である「接続」に対して、接触界面における電流の流れが「見かけの接触面」に比べて極めて少ない「真実接触面」に流れることや、締めつけトルクの違いが接触面での応力緩和を引き起こし、さらには真実接触面を減少させて事故につながっていることなど、接続作業に必要な基本知識の理解が必要である。

保守管理者は予防保全や事後保全にかかわらず、事故につながる現象を理解することによって、重大な事故を引き起こす危険を事前に把握することが大切である。そのため、さまざまな現象についての理解が必要となる。

さらに、需要家は必要な保守管理手法の理解と委託する設備の把握、そして、施工者や保守管理者の指示に対する理解など、3者すべてに徹底した事故防止策が要求されるのだ。

読者諸氏が、本書に示した多くの事故例と発生原因を理解し、事故につながる要因を皆無にする徹底した対策を行っていただくことによって、電気設備の事故がなくなるものと信じている。

原因解明にあたって、分析および検証実験では多大な協力をいただいた「ニチフ端子工業の試験所」のみなさんに、この場を借りて感謝を表す。

2022年6月

職業能力開発総合大学校
名誉教授（工学博士）
中野弘伸

電気事故の発生原因と対策

Dr.中野が徹底解析する 30 のキーポイント

Contents

本書は『電気と工事』の連載「Dr. 中野が説く！　電気事故の真実」
(2019 年 7 月号～2021 年 11 月号)をまとめたものです。

第2章　電気工作物の事故事例

第1章

電気事故のメカニズム

電気事故というと、大きく「停電」「火災」「感電」の3つに分類されるが、
そこに至るまでの原因は無数に存在している。
考えられる選択肢から真実を突きとめるために、
まずは、事故発生のメカニズムを知る。

01 電気事故の基礎知識

電気事故の分類

電気事故の多くは「人為的欠陥」と「物理的欠陥」の２種類に大別される。

人為的欠陥による事故とはヒューマンエラーが主な要因で、物理的欠陥による事故は電気設備や機器の製造上、あるいは自然環境などの影響が原因とされている。

特に、電気に関係する事故は**第１図**に示すような分類となっている。

ヒューマンエラー

【１】定義

ヒューマンエラーは「意図しない結果を生じる人間の行為」と定義されている。意図しない結果とは、**第２図**のように電気機器などの場合、設計者

第１図　電気事故の分類

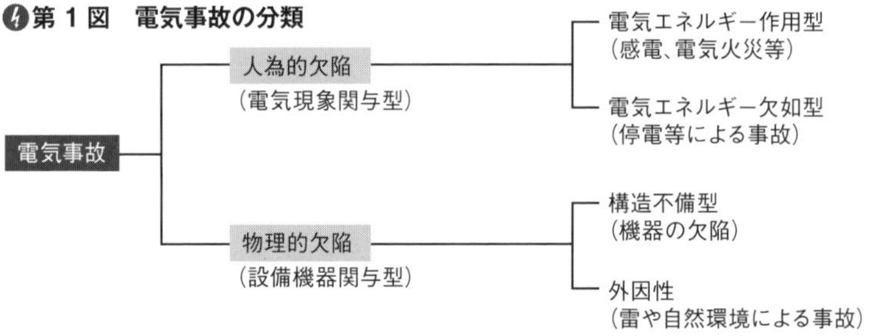

第２図　意図する範囲と意図しない範囲

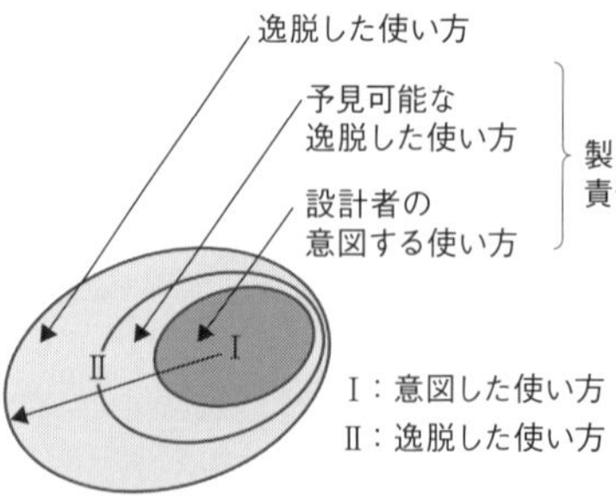

第３図　大事故につながる関係

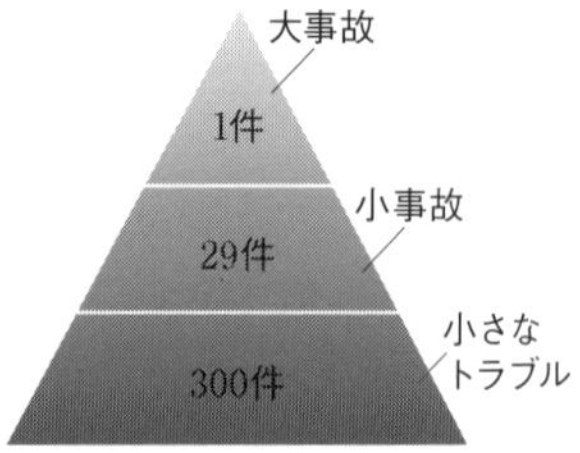

の意図する方法や予見可能な逸脱した方法以外の使用によって事故につながったケースを意味する。

一方、電気工事の場合は電気事業法、電気用品安全法、電気工事士法、電気工事業法などの法令で定められた規定に基づく配線設計および所定の条件以外で施工された場合の欠陥を指す。

【2】発生要因

ヒューマンエラーの発生要因の考え方は千差万別である。例えば、事故後の発生原因、発生状況から分析する考え方、発生要因を心理的な面から分析する考え方、脳の働きから分析する考え方などがある。

以下に発生要因の考え方をまとめる。

❶ヒヤリ・ハットの法則

ハーバート・ウィリアム・ハインリッヒは、ヒヤリ・ハットの研究から、**第3図**に示すように1件の大事故につながる前には29件の小事故があり、さらに、小事故につながる前には300件の小さなトラブルがある。小さなトラブルとは作業中にヒヤリとする場面やハットする場面であり、これらが度重なることで、最終的には大事故につながると論じている。

❷フロイトによるヒューマンエラーの発生要因

オーストリアの精神分析学者・フロイトは精神分析学の研究から「人間は抑圧された願望に対し、無意識な抑止などによって心理的な影響を受け、それらが元で事故につながる」と説いている。

例えば、作業に対して「自分で何とかしなければ」などの精神的な抑圧が無意識に存在した場合などが考えられる。このような無意識における心理的動機がヒューマンエラーの発生要因になるという。

❸ノーマンによるヒューマンエラーの発生要因

ドナルド・ノーマンは認識心理学の研究から、作業を行う際の目標形成を最初から誤っている場合と、目標に対して実行行為での誤りに分類できるとして、**第4図**のように目標形成の誤りを「ミステイク」、実行行為の誤りを「スリップ」に分けられると論じている。

第4図　ノーマンのヒューマンエラー発生原因

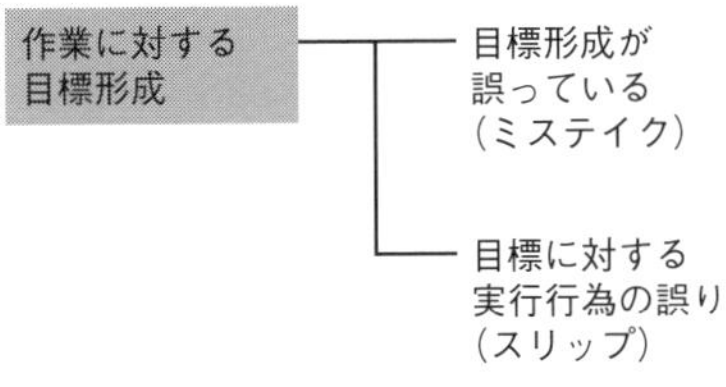

❹橋本博士によるヒューマンエラーの発生要因

安全人間工学の権威である橋本邦衛博士は、人間工学の研究のなかで、大脳生理学の見解から「大脳の情報処理（大脳からの情報伝達）にエラーが発生しやすいか、発生しにくいかの違いにある」と大脳活動に要因があると説く。すなわち、脳の働きは意識の違いによって事故につながる要因に差があるという。

例えば、作業中の意識が「散漫であった」「ぼんやりしている」「体調や気分が悪い状態」などでは大脳の情報処理系でミスが起こりやすく、ヒューマンエラーの発生する確率は高くなるといわれている。これらは、**第１表**のようなフェーズに分類し、エラー発生の確率に違いがあると説いている。

❺人間の本能説

仏教の教えに、人間には108の煩悩があるといわれているように、人間は本能を土台とする脳の働きによって行動する場面がある。これらの行動がヒューマンエラーの発生要因につながるといわれている。

例えば、本能が一場面のみをみつめた状態で、周りの状況が見失われたときなど、場面行動本能によって事故につながる危険性がある。

本能の働きを大別すると、**第２表**のように「防衛的な本能」と「攻撃的な本能」に分けられる。

❻専門的な知識や技術、技能の不足

専門的な知識や技術を必要とする場合、当然、それらに対応した知識や技術、技能の習得が必要になる。特に、電気エネルギーを扱う者は取り扱う機器や電気設備の施工に必要な知識や技術、技能が要求されるため、これらを判断する資格が定められている。

例えば、知識には電気についての理論はもちろん、関連する法規や規定、さらには熟練的な技能、経験などがある。

以下に、電気を扱う場合に必要な資格について例を示す。

電気設備を工事するために必要な資格

・電気工事士（第一種、第二種）

・特種電気工事資格者（ネオン工事、非常用予備発電工事）

電気工事の施工を管理するために必要な資格

・電気工事施工管理技士（１級、２級）

自家用受電設備等の電気設備の保安管理に必要な資格

・電気主任技術者(第一種、第二種、第三種)

大規模（5 000m²以上）な建築の電気設備等の設備設計についての技術的なアドバイスができる資格

・建築設備士

高度な専門知識によって技術コンサルタント業務が可能な資格

・技術士

専門的な熟練技術を認定する技能検定

・電気機器(配電盤・制御盤組立て)技能士(1級、2級)

このほかに業界が定めた資格例として、配電制御システム検査技士がある。それぞれの専門性で必要な資格が決められ、電気事故の防止を担って

第１表　フェーズと注意作用、生理的現象、信頼性の関係

フェーズ	注意作用	生理的現象	信頼性
0　無意識	0	睡眠、脳発作	0
Ⅰ　サブノーマル	普通以下	疲労、単調、居眠り	0.9以下
Ⅱ　ノーマル、リラックス	普通	休息時定例作業者	0.99～0.9999
Ⅲ　ノーマル、クリア			0.999999

第２表　本能の働きの分類

防衛的な本能	防衛本能、逃避本能、連帯本能、模倣本能、生存本能、近道本能、思い込み本能、その他
攻撃的な本能	冒険本能、探求本能、闘争本能、攻撃本能、独占本能、場面行動本能、その他

第３表　自家用電気工作物設置者の電気事故件数の推移（事故種類別）①

事故の種類	電気火災			感電死傷			電気工作物の欠損等による死傷、物損		
他社事故波及	有	無	計	有	無	計	有	無	計
2007(年度)		4	4		45	45		24	24
2008		4	4		65	65	1	17	18
2009		4	4	3	48	51		13	13
2010	1	4	5	13	54	67	3	20	23
2011		3	3		49	49		9	9
2012		11	11	1	63	64		10	10
2013		6	6	1	67	68		12	12
2014	3	6	9		55	55		14	14
2015	1	2	3	1	54	55		18	18
2016		8	8	3	53	56		10	10

第３表　自家用電気工作物設置者の電気事故件数の推移（事故種類別）②

事故の種類	電気工作物の損壊						他社事故波及（被害なし）
	主要工作物			その他の工作物			
他社事故波及	有	無	計	有	無	計	有
2007(年度)	3	111	114	311		311	35
2008		99	99	392		392	24
2009	6	107	113	237		237	44
2010	11	128	139	201	40	241	113
2011	2	121	123	221	1	222	118
2012		151	151	366		366	79
2013		130	130	345	15	360	65
2014		132	132	136	104	240	135
2015		108	108	74	3	77	218
2016		150	150	154		154	36

事故の種類	電気事業法第106条に基づくその他の事故報告			事故総件数		
他社事故波及	有	無	計	有	無	計
2007(年度)		5	5	349	189	538
2008		2	2	417	187	604
2009	2	3	5	292	175	467
2010		2	2	342	248	590
2011		1	1	341	184	525
2012				446	235	681
2013				411	230	641
2014				274	310	584
2015				293	185	478
2016		1	1	185	227	412

いる。なお、**第３表**に自家用電気工作物設置者の電気事故件数の推移を示す。

電気に関連した事故

電気事故には、人為的欠陥（電気現象関与型）と物理的欠陥（設備機器関与型）に大きく分類される。

人為的欠陥によって起こる電気現象関与型事故には、電気エネルギー作用型と電気エネルギー欠如型に分類される。

一方、物理的欠陥によって起こる設備機器関与型事故は構造不備型と外因性に分類されている。

【1】人為的欠陥

電気現象関与型事故である電気エネルギー作用型とは、感電事故や電気火災などのように電気エネルギーが直接作用し、引き起こす事故のことである。また、電気エネルギー欠如型とは電気エネルギーの供給停止や低下などによって発生する事故を指す。

例えば、電力の供給停止に伴う医療機器の機能停止、生産工場のシステム停止、情報ネットワークシステムの停止、電気エネルギーから他のエネルギーに変換する機能が停止するなどが原因として挙げられる。

電気エネルギー欠如型は、電圧低下や電力供給不足に伴う種々の機能が低下することで事故を引き起こし、ときには国民生活に多大な影響を与えるケースがある。

【2】物理的欠陥

設備機器関与型である構造不備型事故は設備や機器の欠陥などが原因で引き起こす事故で、製造業者や施工業者が意図した使い方、予見可能な逸脱した使い方の範囲内で事故につながったケースである。

したがって、電気設備や機器は使用者が予見可能な逸脱した使い方によって事故につながる恐れがあるケースを考慮し、構造や設計に反映させなければならない。すなわち、使用者が予見可能な使い方をした場合でも、構造不備型事故として製造業者や施工業者の責任となる。

外因性事故とは雷害や風水害などの自然環境が要因となった電気事故で、特に、電気設備などでは雷が多発する地区では対策が必要であり、また、重塩害地区では塩害対策、寒冷地区では雪害対策などの自然環境による事故防止策が要求されている。

構造不備型事故につながる製造上の欠点

構造不備型事故とは、電気機器や電気設備に関連した機械、器具、機材などの設計ミス、製造中の品質管理上で問題が生じ、不具合が発生している機器、器具、機材を使用したことが原因で起きる災害である。

特に、**第5図**に示す設備の故障率カーブ（いわゆる「バスタブ曲線」）において、初期故障期に発生した事故原因の多くは物理的欠陥である構造不備型による事故と考えられ、機械、器具、機材などの設計ミスや製造中の品質管理に問題があったと推測される。

なお、初期故障期の事故とは「使用開始後の比較的早い時期に、設計、製造上の欠陥、使用環境の不適合などによって起こる事故」といわれている。

したがって、設計や製造上の欠陥による事故の場合は、製造物責任(PL 法)として製造者の責任となる。

電気設備における構造不備型事故を防止するため、施設後、法律で定められた確認試験を入念に行うことが重要である。「電気設備の技術基準の解釈」や JIS で定められた試験など、安全管理に必要な性能評価を行うべきであり、家電用機器（特定電気用品）などは電気用品安全法に基づき、設計時の安全対策として多様な項目の検討が要求されている(**第4表**)。

第5図にある「偶発故障」とは初期故障期をすぎ、摩耗故障期の間に発生する故障や事故で、故障率がほぼ一定であるため予測のできない時期でもあることから、定期的に保全管理を行うことが重要となる。

摩耗故障期は機器や設備の経年劣化などによる要因が多いため、機器や器具、機材を安全に使用できる期間として耐用年数などが設定されている。したがって、耐用年数を超える機器、器具、機材などは第5図に示す「摩耗故障期」に入るため、機器の故障や事故の発生確率が高く、災害につながる危険度は高くなる。

この要因は機器の疲労や摩耗、

第4表　設計時の安全対策項目

検討事項	チェック内容
家電機器の安全性	マスプロ（大量生産）製品である
	使用者の電気の知識が乏しい
安全確保の要件	火災防止
	感電防止
	外傷防止
	その他（受信障害などの防止）
火災防止	正常使用時の温度上昇（火災、やけど、寿命）
	異常使用時の温度上昇（火災、やけど、寿命、誤使用、過負荷、密閉など）
	材料の難燃化（難燃、自消、発火特性）
	部品故障（信頼性、長寿命化）
	特異現象対策（接触不良、短絡など）
感電防止	絶縁抵抗（材質、汚染）
	耐電圧（2E＋1000V、ただし、E は定格使用電圧）
	漏れ電流（1mA 未満）
	二重絶縁、絶縁＋アース
	すき間からの生物の侵入防止
外傷防止	シャープエッジによる外傷防止
	可触外面の温度の限度（長時間、短時間）
その他	受信障害
	機械的強度（押圧力、振動、衝撃、落下など）
	安定性（転倒防止など）

第5図　設備の故障率カーブ

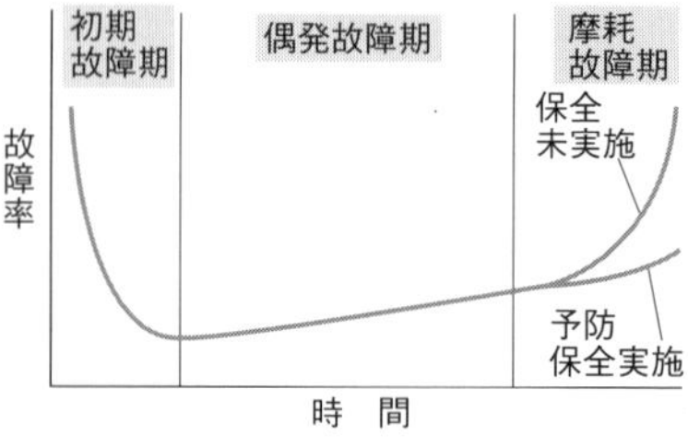

老化現象などが挙げられ、時間とともに故障や事故の発生も多くなるため、常に状態監視が必要になる。

なお、摩耗故障期も機器や器具、機材の使用条件および使用環境によっても違いがあるため、機器の耐用年数と異なる場合があり、これらの点でも考慮する必要がある。

保全管理上による事故の発生要因

電気機器や電気設備からの事故や災害を未然に防止する策として、最も重要なことは保全管理である。いかなる機器や設備でも、半永久的に故障もなく使用することは極めて困難で、故障につながる要因は常に取り除くことが大切である。この要因を取り除く技術が保全管理でもあるのだ。

保全とは「アイテムを使用および使用可能状態に維持し、または故障欠点などを回復するためのすべての処置および活動」と定義されている。保全を管理上で分類すると**第6図**のようになり、予防保全と事後保全に大別される。

【1】予防保全の考え方

高度情報化に伴い、設備の大型化、システム化、複雑化、高速化などに対応するためには、設備や機器を故障や事故から未然に守り、常に使用可能な状態にしておくためには計画的な保全が必要不可欠である。

予防保全の手法として「時間計画保全」と「状態監視保全」があり、さらに、時間計画保全は「定期保全」と「経時保全」に分類される。

時間計画保全とは、予定の時間計画（スケジュール）に基づく予防保全のことで、定期的に保全を行う方法と稼働時間などを考慮した経時保全の手法がある。

第6図　保全の分類（JIS Z 8115「ディペンダビリティ（信頼性）用語」を参考に作成）

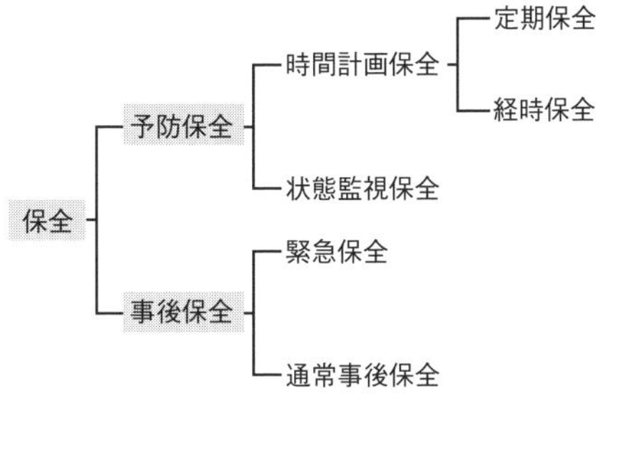

また、状態監視保全とはアイテムの使用および使用中の動作状態の確認、劣化傾向の検出、故障や欠点の確認、故障に至る経過の記録および追跡などの目的で、任意の時点における動作値と傾向を監視し、事故につながる

危険性を未然に防ぐ保全手法である。

【2】事後保全の考え方

事後保全とは事故や故障が起こったあとでアイテムを使用可能状態にする保全のことで、事後保全には「通常事後保全」と「緊急保全」がある。

通常事後保全とは、管理上、予防保全を行わずにアイテムが故障した時点で処置を行う保全であり、緊急保全とは予防保全を行うアイテムの故障または事故時の保全である。事後保全の場合、設備や機器の故障、事故に際して、修理期間や交換期間の考慮も必要である。

電気エネルギーに関連した自然環境による事故

電気エネルギーに関連した自然環境による事故は電気機器や電気設備などの設置場所によって大きく異なるため、それらに対応した策が必要である。その発生要因を**第７図**に示す。

雷害は放電現象で最も大きな事故につながる要因となっている。また、静電誘導や電磁誘導による影響は電波障害などの通信障害にもつながり、制御機器などへの誤動作の要因となる。特に、雷による異常電圧（雷サージ）は電気機器や電気設備に多大な被害を与える。

これらの異常電圧には外部雷と内部雷に分類され、それぞれの保護システムが必要である。外部雷の場合は受雷部、引き下げ導線、接地システムで構成され、接近する雷を受雷部で捕捉して雷電流を効果的に大地へ放流するためのシステムである。

一方、内部雷の場合は被保護物において雷の電磁的影響を低減させるため、外部雷保護システムに等電位ボンディングや安全離隔距離の確保を含めた措置を追加する。内部雷には発電機や大型機器などの開閉時に発生する開閉サージも含まれる。

なお、塩害などの劣悪な環境下に設置される電気設備も故障や事故の発生要因につながる。

第７図　電気エネルギーに関連した自然災害の発生要因の分類

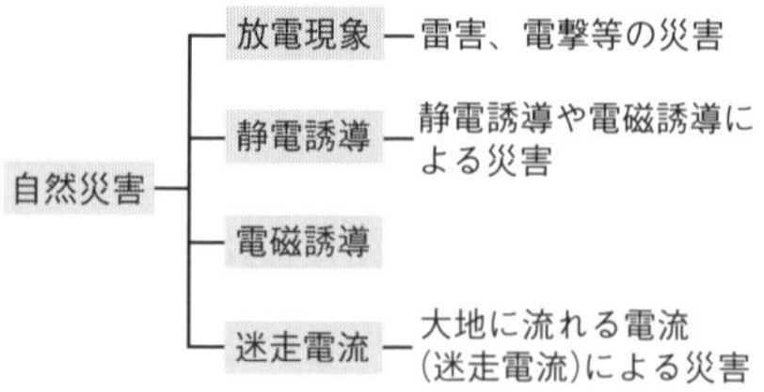

電気設備工事作業時におけるヒューマンエラーの防止策

電気設備などの設置工事における欠陥事故を防止するため、作業する際に作業管理者および作業者が以下の安全管理体制を認識していることが重要である。

・安全管理組織の整備
・作業手順、作業標準などの決定
・作業具の整備
・作業に関連する教育、訓練の実施
・危険源、危険状態、危険事象の把握
・導入された機器や使用される機械、器具の安全確認
・過去に発生した事例を基に、原因分析した危険防止策の確認

また、作業にあたっては**第８図**のようなプロセスで行う必要がある。

第８図 「計画～実行～評価～改善」のプロセス

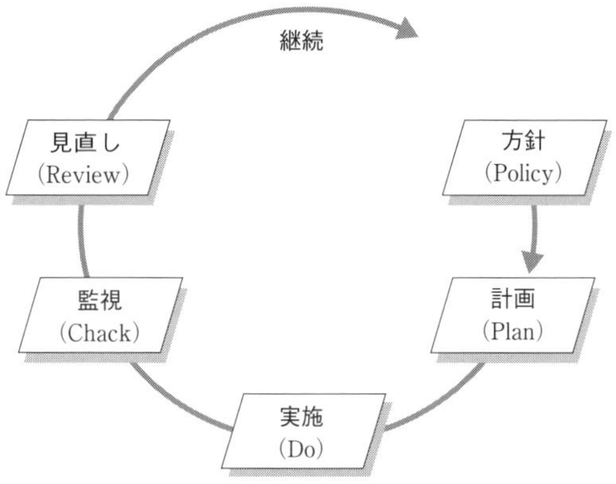

02 接続部の基礎知識

導体接続の知識と技術

被害の大小に関係なく、電気設備事故の多くは、電線相互や電線と配線器具、あるいは電線と電気機器との接続部から発生する現象や絶縁破壊などが主な原因といっても過言ではない。特に、電気火災や大型の配線用遮断器、配線器具などの接続部における焼損、溶断の原因の１つに赤熱現象が挙げられる。

これらの現象が莫大な損害額につながっている多くの事例を確認していることから、ここでは接続技術、絶縁電線の絶縁破壊に至る要因の知識と技術について解説する。

接続部の電気伝導現象

電気を利用するところには必ず導体と導体を接続する部分がある（**第１図**）。この接続方法も多種多様であるが、接続の目的は導体相互間に電気を伝導することにあり、なおかつ、電気伝導が不変的に持続することが導体接続の最も要求されるところである。

電気伝導は、導体が固体や液体によって多少の違いはあるが、金属の導

第１図　電気導体相互の接続方法

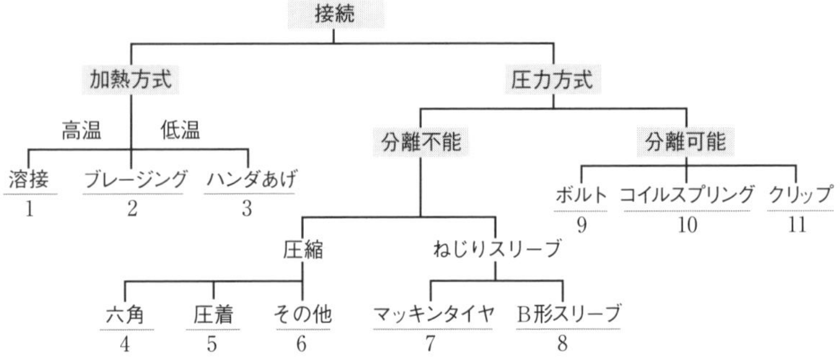

電現象の場合、導体内部の自由電子が移動して導電作用を起こすといわれる自由電子論がある。自由電子の移動は各導体によって異なってくる、いわゆる伝導率の高いものと低いものがあり、これが金属の物理的性質のうち、体積固有抵抗に相当するものと考えられる。

また、導体は温度変化に伴って自由電子の移動状態も変わってくる。これは体積固有抵抗の温度係数に相当するものと考えることができる。

導体が温度変化によって自由電子の移動のしやすさなどを求める式を以下に示す。

$$R_t = R_{to}\ \{1 + a\ (t - t_o)\} \quad \cdots\cdots(1)$$

ただし、R_t：t℃における抵抗

R_{to}：t_o℃における抵抗

a：抵抗の定質量温度係数

すなわち、導体接続では、この自由電子が導体相互間を自由に移動可能かどうかが接続部の重要な役割を持つことになる。

しかし、自由電子の移動は導体相互間の接続方法によっても異なってくる。例えば、接続部分が融接[*1]や圧接[*2]などによる合金相で接合されている場合では自由電子の周期性が失われ、自由電子の移動が阻害されることが多い。

また、機械的接続（導体相互間を機械的圧力などによって接触面をつくる）では接触界面の状態によって異なってくる。接触界面が酸化被膜に覆われた場合などによる影響、あるいは汚染による影響、さらには真実接触面積（電流が流れる接触面）の大きさや接触圧力によって異なる。このような条件は、すべて自由電子の移動を妨げる要因となる。いわゆる電気抵抗の増加を意味するもので、これらの点を十分に考慮して接続しなければならない。

金属の表面は、いかに鏡面に加工しても、顕微鏡で観察すれば凹凸はある。鏡面に加工した導体を互いに接触させても、全面で接触することは考えられない。つまり、導体の表面の凸部で点接触し、これらの接触部分を通じて電流は流れることになる。

※1：「融接」とは、接触界面の真実接触部での集中電流によって導体相互間で溶着した状態

※2：「圧接」とは、接触界面の真実接触部での加圧力によって導体相互間で分子結合した状態

しかし、この接触部分に圧力が加わることによって接触界面には弾性変形や塑性変形が起こり、ある接触面積を得る。これを真実接触面積といい、ここを通じて電流は流れることになる。

導体を接続するときに強力な機械的圧力によって大きな接触面積を得ているように思うかもしれないが、これは見かけの接触面積で、真実接触面積とは大きく異なる（**第２図**）。銅導体の場合、高い接触圧でも、真実接触面積は見かけの接触面積と比べて１％程度であるといわれている。

機械的加圧力による接続理論

機械的加圧力による接続部の電流の経路は真実接触面（**第３図**）を通じているため、この真実接触面を求める必要がある。

「電気材料」のなかで、真実接触面を用いて、電極（A、B）に対して a（真実接触面の半径）が小さいときは、電流の拡張による付加抵抗は $\frac{1}{4}a\lambda$ と表すことができる。よって、A、Bの２つの面での半径 a の面積はマックスウェルの近似が直列になったときと同じであるとして、抵抗 R を以下の式で求めている。

$$R = \frac{1}{4}a\lambda \quad \cdots\cdots(2)$$

ただし、λ：導電率

ここで、n 個の真実接触面積 A は $n\pi a^2$ となり、圧縮荷重を W、材料の降伏圧力を P_m とすると、真実接触面積 A は次のように表すことができる。

第２図　見かけの接触状態（Ⅰ）と真実接触状態（Ⅱ）の状況

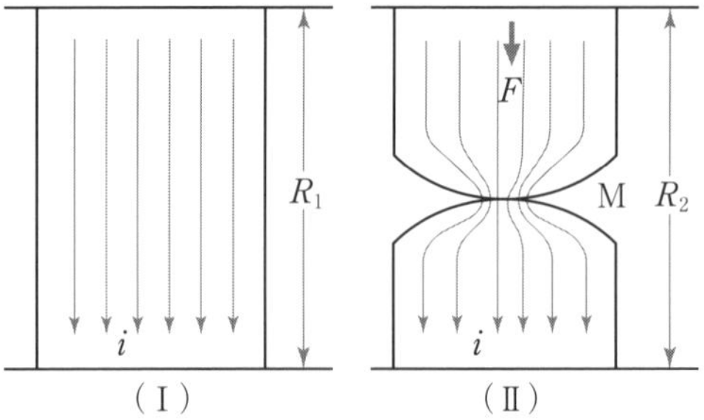

第３図　真実接触面における電流の経路

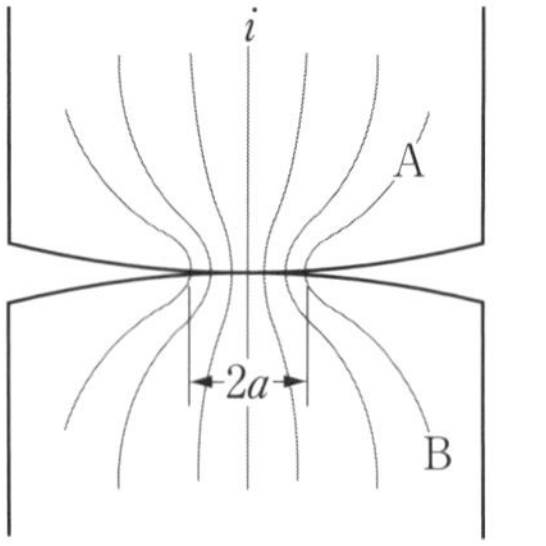

第 1 表　荷重による鋼の接触面積と R の変化（計算値）

荷重〔kg〕	$R=W/P_m$〔cm^2〕	真の接触面積と見かけの接触面積との比	R (10^{-5})	接触点 n	a〔cm〕
500	0.05	1／400	0.9	35	2.1
100	0.01	1／2 000	2.5	22	1.2
20	0.002	1／10 000	9	9	0.9
5	0.0005	1／40 000	25	5	0.6
2	0.002	1／100 000	50	3	0.5

（参考文献：「電気材料 その性質と応用」（1969 年））

$$A=n\pi a^2=\frac{W}{P_m}\cdots\cdots(3)$$

したがって、半径 a は以下となる。

$$a=\frac{2\lambda WR}{\pi P_m}\cdots\cdots(4)$$

これらの式から、接触面積が $21cm^2$ の鋼の接触について計算した値を**第 1 表**に示す。真実接触面積は極めて少ないことがわかるだろう。

したがって、電流は第 3 図のような真実接触部のみを通ることから、接触部で急に狭くなっているので電流は集中して流れることになる。この結果、抵抗増加が起きるのだ。

これを集中抵抗（R_c）といい、さらに、金属の表面には酸化被膜や油などの汚れた被膜で電流の流れが妨げられる。これを被膜抵抗（R_f）と呼び、接触抵抗 R は R_c と R_f の合成抵抗となり、以下で求めることができる。

$$R=R_c+R_f\cdots\cdots(5)$$

ここで、集中抵抗 R_c について考えてみる。

接触抵抗 R は接触部 a の数と接触面積によって変化するため、単一の円形接触面積 a について、第 3 図から考えてみる。

接触点 M における単位圧力 P は以下となる。

$$P=\frac{F}{A_e}\cdots\cdots(6)$$

ただし、F：接触力、A_e：真実接触面積

単位圧力 P が弾性限度以内で最大圧力 P_{max} に達したあとの接触面積は、

(6)式から、

$$A_e = \frac{F}{P_{max}}$$

となり、接触部を円形と仮定していることから、直径をdとすれば以下の式が得られる。

$$d = \sqrt{\frac{4}{\pi} \cdot \frac{F}{P_{max}}} \cdots\cdots(7)$$

すなわち、集中抵抗R_cは第3図から以下で求められる。

$$R_c = R_2 - R_1 \cdots\cdots(8)$$

なお、接触界面の被膜抵抗を無視すれば、R_cは以下の式でも表すことができる。

$$R_c = \frac{K \cdot p}{d} \cdots\cdots(9)$$

ただし、K：定数、p：導体抵抗率

よって、(7)式と(9)式から次式が得られる。

$$R_c = \frac{K \cdot p\sqrt{P_{max}}}{\sqrt{F}} \cdots\cdots(10)$$

すなわち、R_cは加圧力Fと導体抵抗率pと導体の材料特性によって異なることがわかる。

機械的加圧力方式による接続方法では、接続抵抗を小さくする方法として真実接触面を大きくする、被膜抵抗をできるだけ小さくする、あるいは加圧力を大きくすることになる。

第4図　圧縮応力と引張応力の関係

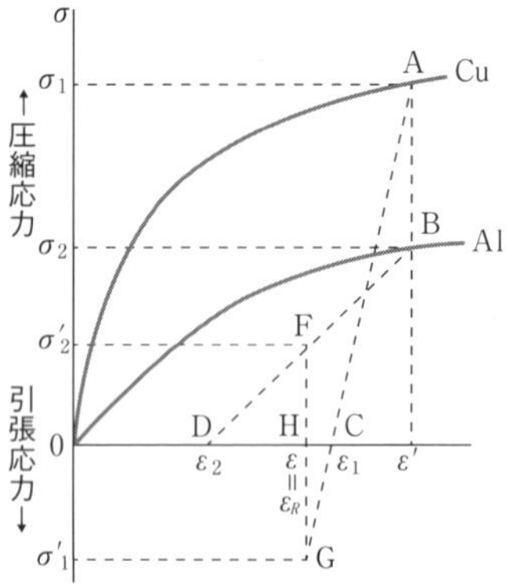

このように、機械的加圧力方式による接続部の条件は、真実接触面積を大きくすることと同時に、その接触面をいつまでも初期状態にしなければならない。この保持する働きが圧縮荷重の大きさや導体の硬さなどによって決まる残留応力となる。

なお、残留応力は異種材質の組み合わせ、硬さの違いによって生じる。

接触界面において、一方は圧縮応

力、もう一方は引張応力として働き、平衡を保つことになる。この一例として、銅製リングスリーブに半硬アルミ導体を圧縮したときの圧縮応力と引張応力の関係を**第4図**に示す。

導体相互間の接触界面に働く力

接続部の導体相互の接触界面では、電流が流れることによって発生するジュール熱の影響や加圧力に伴う応力緩和などの発生があることから、大電流が流れる重要な設備の接続部などでは管理に細心の注意が必要である。

電流が流れる導体相互間の接触界面には、電流の大きさによってジュール熱が発生する。

$Q=0.24I^2Rt$ ……(1)

Q：ジュール熱、I：電流

R：接触(接続)抵抗、t：流れた時間

さらに、導体の接続部は設置場所の温度環境にも影響を受けることになる。すなわち、導体の接触界面は通電時のジュール熱や設置場所の温度変化によって膨張、収縮の繰り返しにより応力が発生。これにより接触界面ではクリープリラクゼーション（応力緩和）が起こる。これに伴って真実接触界面の減少が始まり、酸化被膜を増加させて接続抵抗の増加も引き起こす。そして、**第5図**のような劣化サイクルが発生し、接続部の焼損を引き起こす原因となる。

【1】接触界面の応力緩和

加圧力が電気的信頼性に大きく作用することは前述した。ここでは、金属材料の特性であるクリープ変形と応力緩和について説明する。

第5図　接続部の劣化サイクル

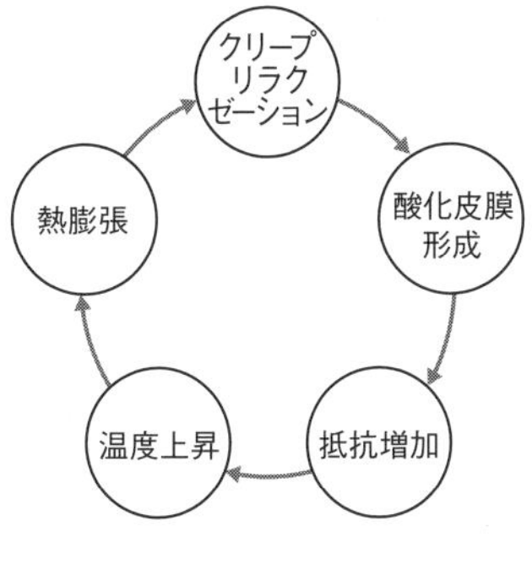

金属材料に、ある大きさの荷重をかけると、その瞬間、荷重に対応した弾性変形が起こる。しかし、これを放置すると時間とともに変化が進行していく。これをクリープという。

金属の破断までに至らない程度の荷重で、200℃まで使用されるものでは、対数クリープと呼ばれる**第6図**のような曲線

第６図　対数クリープ曲線

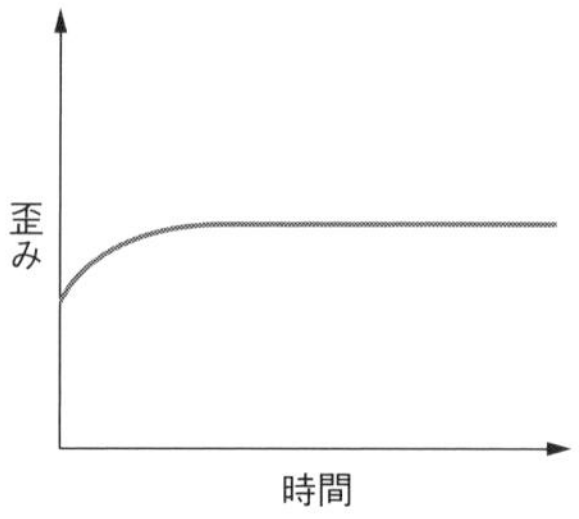

第７図　クリープと応力緩和の関係図

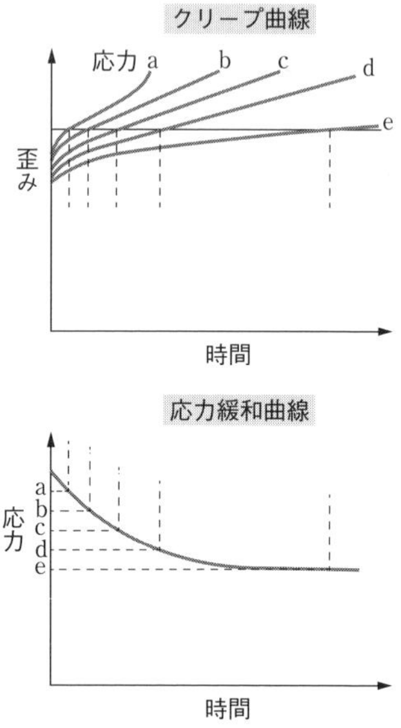

を描く。対数クリープは歪《ひず》み ε が時間の対数に比例し、以下の式で表される。

$\varepsilon = \log t$ ……(2)

ε：歪み、t：時間

このクリープの歪み ε の増加によって生じる応力の低下が応力緩和である。この状況を**第７図**に示す。

なお、荷重が弾性変形を超えると真実接触部は塑性変形に至るため、応力緩和が急激に進んで接続抵抗が増加。接続部の劣化サイクルにつながる。これは、ねじ端子などの接続時、過剰な締めつけトルクには十分な注意が必要であることを示唆している。

【2】ねじ端子の径と適切な締めつけトルク

電気機器や配線器具と電線との接続は、ねじ端子による方法が多用されている。このときの締めつけトルクはねじ端子の径やねじのピッチ幅などによって異なる。適切な締めつけトルクについては、ねじ端子の径や受け側の材質などによって異なり、JIS 規格を参考にするか、使用する機器の取扱説明書に従うことが重要である。

参考までに、締めつけトルク T の算出式を以下に示す。また、**第２表**に JIS 規格によるねじ径と締めつけトルクとの関係を示す。

$$T = \frac{F}{2} \times \left\{ d_2 \times \frac{(\mu + \tan\beta)}{(1 - \mu\tan\beta)} + \mu d_\omega \right\} \quad \cdots\cdots (3)$$

F：軸力〔N〕

d_2：ねじの有効径〔m〕

μ：摩擦抵抗係数

第２表　JIS 規格によるねじ径と締めつけトルク（参考値）

ねじの呼び径	鋼製ねじ				
	強度区分				
	4.6	6.8	8.8	10.9	12.9
M4	1.01	2.02	2.7	3.79	4.54
M5	2.04	4.09	5.47	7.67	9.18
M6	3.47	6.97	9.27	13	15.6
M7	5.85	11.6	15.5	21.8	26.2
M8	8.41	16.9	22.5	31.6	37.9
M10	16.7	33.4	44.5	62.6	75.2
M12	29.1	58.3	77.6	109	131

※トルク係数を 0.2、最大軸力をねじの耐力の 80％として算出。ねじは JIS 強度区分による。

β：ねじのリード角〔°〕

d_ω：ねじ座面の有効径〔m〕

※ $d_\omega = 1.3d$（d：ねじの呼び径〔m〕）

一般に、ねじのリード角は $\beta = \tan^{-1}\left(\frac{L}{\pi} d_2\right)$ で表すことができる（ただし、L はねじのピッチ幅〔m〕を表す）。

また、(3)式を単位面積当たりの軸力、つまり、ねじ下面の加圧力 P を求める式に変形すると以下となる。

$$P = \frac{2T}{\left\{ d_2 \times \dfrac{(\mu + \tan\beta)}{(1 - \mu\tan\beta)} + \mu d_\omega \right\}} \times \frac{1}{S} \quad \cdots\cdots(4)$$

S：ねじ下面の有効断面積〔mm^2〕

【3】機械的加圧力方式の接続抵抗

機械的加圧力方式の代表的な接続部の接触抵抗について、差し込みコネクタ、リングスリーブによる圧着接続、巻き締め端子接続の状況を**第 8 図**に、それぞれの接触抵抗の関係を**第 9 図**に示す。

【4】接触界面での「すべり」による劣化のメカニズム

機械的加圧力方式の接続部が劣化するメカニズムは、導体相互の接触界面でクリープや応力緩和が起こり、さらに、通電電流によるジュール熱や周囲温度の影響を受けて熱応力が発生。これらが要因となって接触界面で「すべり」が発生し、接続部の劣化サイクルが加速、焼損などの電気事故に発展する。

なお、接触界面での「すべり」の発生についての理論は次式で表される。

第８図　差し込みコネクタ、圧着接続、巻き締め端子接続の状況

差し込みコネクタ接続

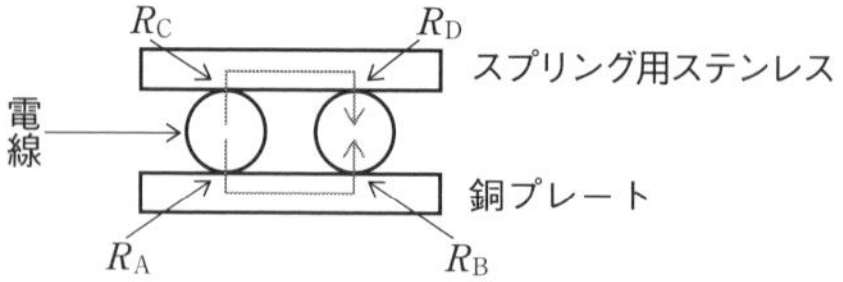

（R_A、R_B、R_C、R_D はほぼ線接触である）

リングスリーブによる圧着接続

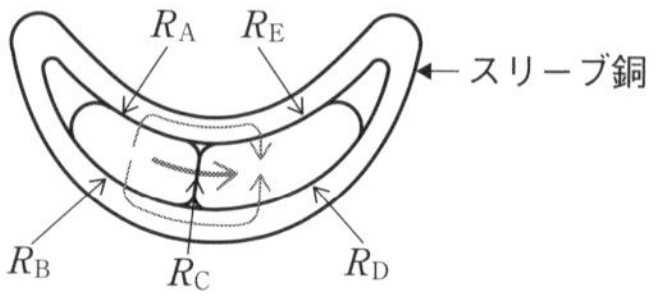

（R_A、R_B、R_C、R_D、R_E は面接触である）

巻き締め端子接続

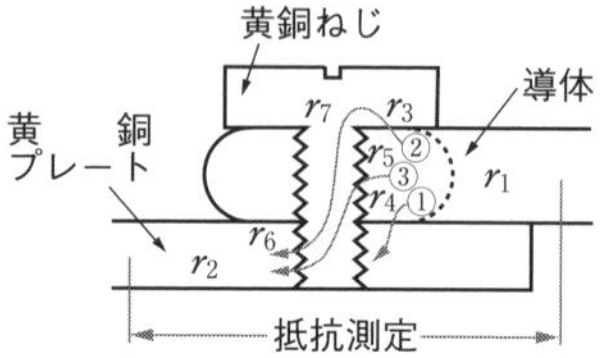

第９図　差し込みコネクタ、圧着接続、巻き締め端子接続の接触抵抗

差し込み形コネクタ接続

等価回路

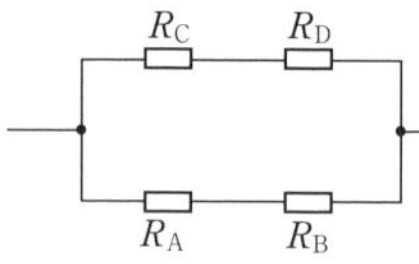

合成抵抗

$$R=\frac{(R_A+R_B)(R_C+R_D)}{R_A+R_B+R_C+R_D}$$

（ただし、R_A、$R_B \ll R_C$、R_D）

リングスリーブによる圧着接続

等価回路

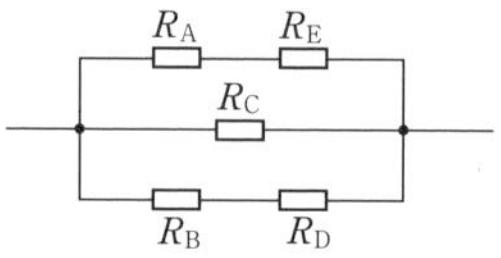

（ただし、R_A、R_B、R_C、R_D、R_E は低抵抗）

$$R=\frac{R_C(R_A+R_E)(R_B+R_D)}{R_C(R_B+R_D)+(R_A+R_E)(R_B+R_D)+R_C(R_A+R_E)}$$

巻き締め端子接続

等価回路

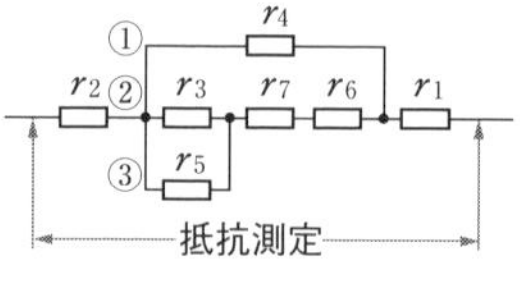

$$R=r_1+r_2+\cfrac{1}{\cfrac{1}{r_4}+\cfrac{1}{\cfrac{r_3 r_5}{r_3+r_5}+r_6+r_7}}$$

$$=r_1+r_2+\frac{r_3 r_5+r_4(r_3+r_5)(r_6+r_7)}{r_3 r_5+(r_3+r_5)(r_6+r_7)+r_4(r_3+r_5)}$$

$$\mu MS \gtreqless \sigma A \quad \cdots\cdots(5)$$

M：導体相互間の摩擦係数

S：金属の接触面積

σ：導体軸方向に働く力

A：導体の断面積

(5)式の右辺は「すべり」を発生させる力（熱膨張などによる導体軸方向に働く力）、左辺は「すべり」の発生を防ぐ力（機械的な加圧力によって導体の伸びを抑える力）と、それぞれ考えることができる。

特に、Mは接触界面における接合状態を示す極めて重要な役割を持つもので、合成応力（圧縮応力と熱応力）であり、例えば、(5)式は以下のように考えることができる。

$\mu MS > \sigma A$ ……(6)

(6)式は接触界面の接合状態がMによって最も強固に接合され、導体軸方向への「すべり」は発生しない。すなわち、導体相互間との接触面は完全に密着状態にあり、電気伝導は極めて良好であるといえる。

$\mu MS = \sigma A$ ……(7)

そして、(7)式は接触部に振動や、わずかな導体方向への外部圧力によって接触界面に「すべり」が発生する不安定な状態にある。導体相互間の接触界面では一応の電気伝導は行われるが、外部からの導体軸方向への振動や加圧力により「すべり」が発生し、接触状態が不安定になって電気伝導を悪化させることになる。

$\mu MS < \sigma A$ ……(8)

(8)式は接続部の加熱に伴い、導体の熱膨張によって導体軸方向に自由に「すべり」が発生する状態である。導体相互間の接触界面では$P=0$の状態で、このため接触部では「すべり」が発生し、急激な抵抗増加など焼損事故につながる極めて危険な状態にあるといえる。

以上のことから、差し込みコネクタでMに相当するものが接続構造部のスプリング（バネ作用）による加圧力であり、圧着接続では残留応力（スプリングバック現象）、ねじ端子接続では締めつけトルクである。すなわち、接続部の電気的信頼性を高めるために、加圧力は接触部の発熱や周囲の温度変化に対しても、常に以下が成立するような加圧力が必要である。

$$M > \frac{\sigma A}{\mu S}$$

4 締めつけトルクと戻しトルクの関係

電気事故の多くは配線器具や電気機器などの端子接続部に「緩み」が発生し、事故を引き起こす原因となっている。「緩み」の発生要因は前述したとおり、導体相互間の接触界面に圧縮応力や熱応力が作用し、応力緩和により「緩み」が発生。接続部で劣化サイクルを引き起こし、電気事故に発展する。すなわち、圧縮応力に相当するのが締めつけトルクで、締めつけたトルクを持続させるトルクが戻しトルク(緩みの発生を防止するトルク)といえる。

したがって、締めつけたトルクに対し、戻しトルクが高いほど「緩み」の発生する確率は低くなることから、締めつけトルクと戻しトルクを以下のように表したものが「把握率」で、把握率が高いほど「緩み」の発生する確率は低くなるといえる。

$$P=\frac{P_2}{P_1}\times 100 \quad \cdots\cdots(1)$$

P：把握率、P_1：締めつけトルク、P_2：戻しトルク

なお、端子接続の場合、把握率を求める方法として規定のトルクで「締めつける」と「緩める」を繰り返し行って4回目の締めつけトルクで接続したとき、把握率は極めて高くなることが検証されている。

60 mm²CV ケーブルを端子接続したときの検証例を**第3、4表**に示す。

なお、第3表は締めつけ回数が1回の戻しトルクと把握率、第4表は締めつけ回数が4回の戻しトルクと把握率を示している。

これらのことから、端子接続の場合、トルクドライバやトルクレンチな

4 第3表　1回締めつけ後の戻しトルク値

締めつけトルク	10.5〔N・m〕	13.5〔N・m〕	6.2〔N・m〕
1	7.0	8.0	5.5
2	9.5	10.0	5.5
3	8.5	9.0	5.5
4	6.5	10.5	5.5
最大値	9.5	10.5	5.5
最小値	6.5	8.0	5.5
平均値	7.88	9.38	5.50
把握率 ※	0.75	0.69	0.84

※把握率＝戻しトルク÷締めつけトルク

第４表　４回締めつけ後の戻しトルク値

締めつけトルク	10.5〔N・m〕	13.5〔N・m〕	6.2〔N・m〕
1	10.0	13.0	6.0
2	9.5	13.0	6.0
3	10.0	13.0	6.0
4	9.5	12.5	6.0
最大値	10.0	13.0	6.0
最小値	9.5	12.5	6.0
平均値	9.75	12.88	6.00
把握率※	0.92	0.95	0.96

※把握率＝戻しトルク÷締めつけトルク

どで締めつけ、戻しを4回ほど繰り返すことで、把握率は極めて高くなることがわかる。「緩み」の発生率は低くなり、事故防止につながる。

接続抵抗を小さくする方法

機械的加圧力による接続方法では、接触抵抗を少なくする方法として真実接触面を多くするか、被膜抵抗をできるだけ少なくすることである。

真実接触面を多くする場合、加圧力を大きくする必要がある。しかし、接触抵抗 R と加圧力 P との関係について、導体の弾性限度内においては(2)式の関係が成立し、塑性変形領域においては(3)式の関係があることが研究で明らかになっている。

$$R \propto P^{-\frac{1}{3}} \quad \cdots\cdots(2)$$

$$R \propto P^{-\frac{1}{2}} \quad \cdots\cdots(3)$$

機械的加圧力によって接続する場合、(2)式に示す導体の弾性限度内で真実接触面積を多く保ち、さらに経年的な応力緩和を小さくし、接触面を不変的に持続させることが重要であるといえる。

したがって、接続する際には導体の持つ特性（弾性係数など）や締めつけトルク、あるいは接触界面に生じた残留応力などを理解し、適正な接続作業が必要である。

接続部の温度変化に伴う接触面の状態

接触部がジュール熱や周囲の温度変化に伴って導体相互間で「すべり」が発生するか否かについて、**第10図**に示す接触面の挙動観察方法で行った結果を**写真1～6**に示す。

これらの写真からわかるように、接続部位での温度が高くなるにつれて、導体とコネクタのプレート間、そして、導体とリングスリーブ間で「すべり」が起こり、冷却後は導体相互間に空隙《くうげき》が発生していることがわかる。このことは真実接触面の減少や酸化被膜の発生につながることを示している。

さらに、導体相互間で「すべり」の発生を確認するため、**第11図**に示す方法で温度変化に伴う接触抵抗の変化について観察した結果、**第12図**に示すような「すべり」による電圧変動が起こっていることが確認された。このこ

第10図　加熱時における導体とスリーブ間の接触界面測定装置

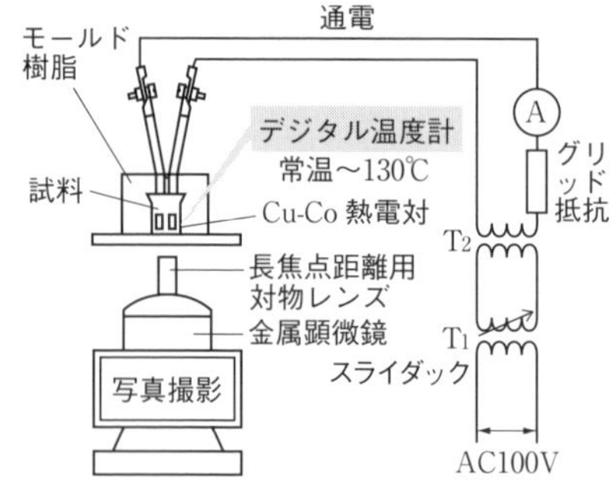

写真1　差し込みコネクタの接触部

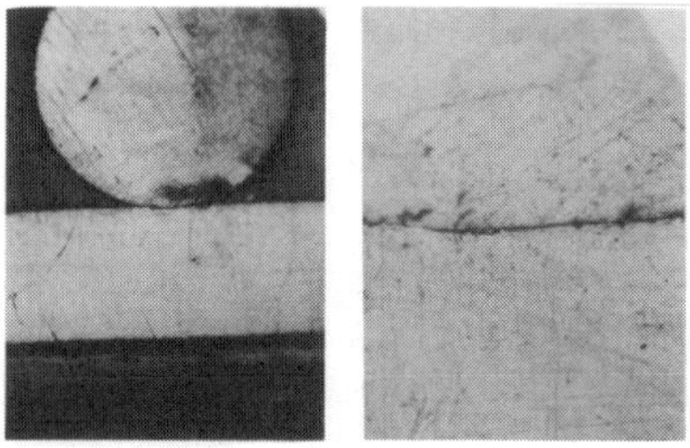

（×37.5）　（×300）

加熱前

写真2　差し込みコネクタの接触部

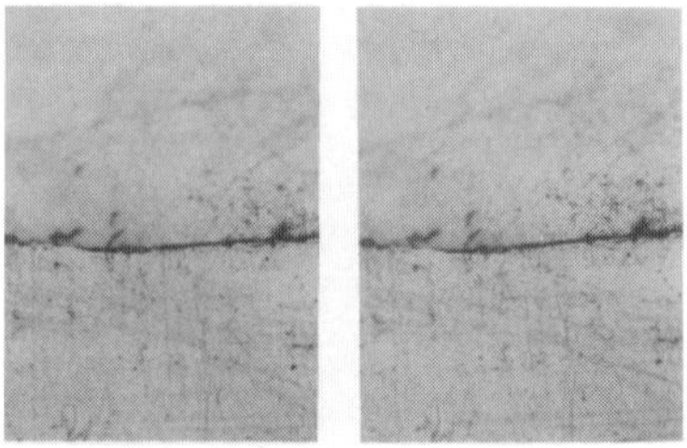

加熱中（×300）　冷却後（×300）

上昇温度 50℃　通電電流 16.2A

写真3　差し込みコネクタの接触部

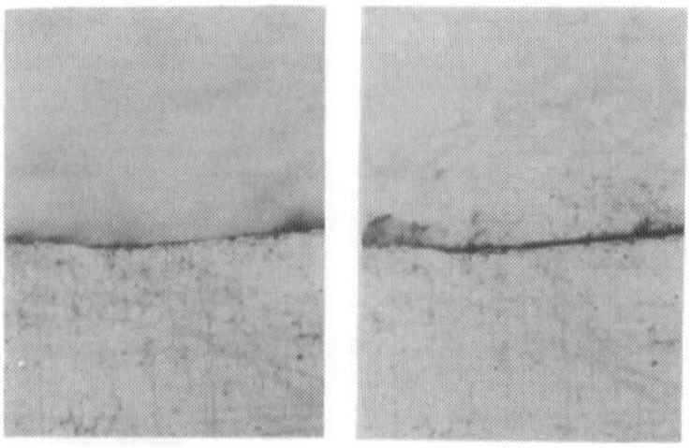

加熱中（×300）　冷却後（×300）

上昇温度 75℃　通電電流 26.6A

とは明らかに導体相互間で「すべり」により接続抵抗の変化が起こったものと判断できる。

写真４　リングスリーブによる圧着接続

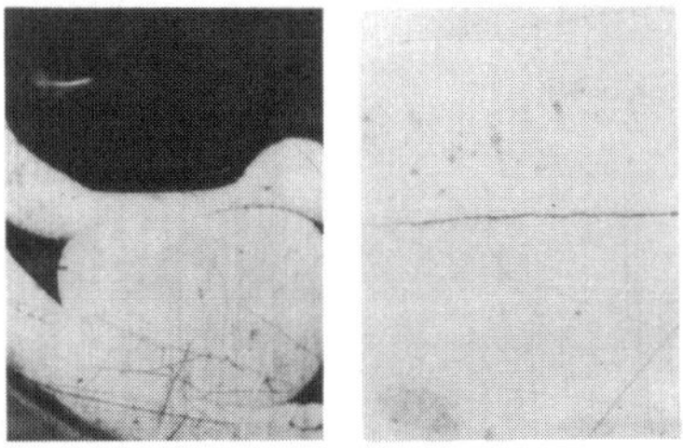

（×37.5）　（×300）

加熱前

写真５　リングスリーブによる圧着接続

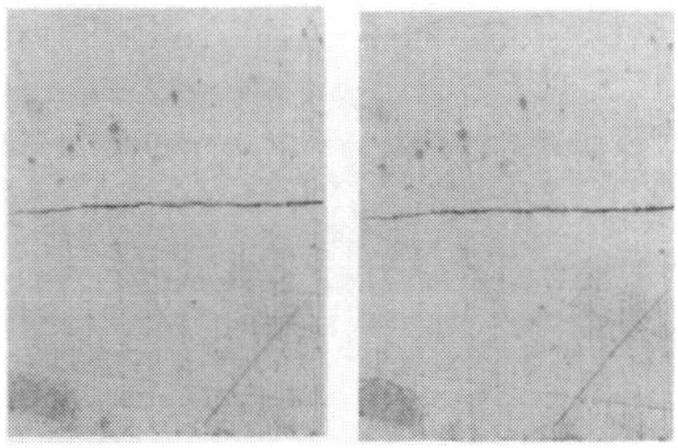

加熱中（×300）　冷却後（×300）

上昇温度 50℃　通電電流 30A

写真６　リングスリーブによる圧着接続

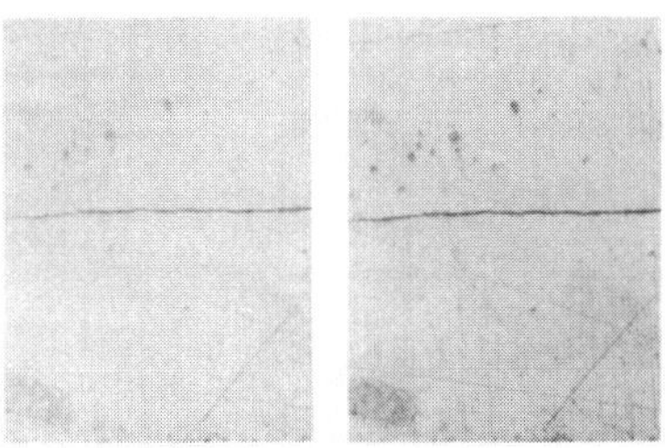

加熱中（×300）　冷却後（×300）

上昇温度 75℃　通電電流 42.7A

第 11 図　温度変化に伴う接触抵抗の測定方法

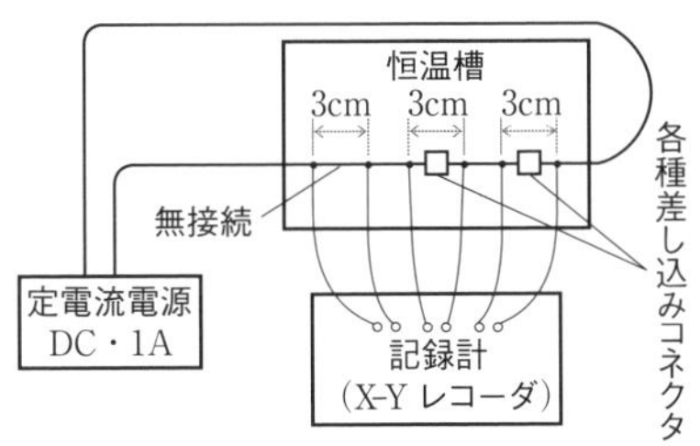

第 12 図　導体相互間で発生した「すべり」による抵抗変化

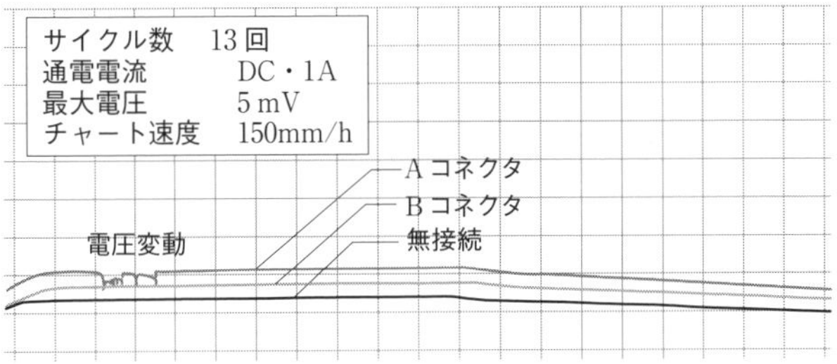

03 赤熱現象

赤熱現象のメカニズム

銅導体相互間の空隙や電線と端子接続部の「緩み」、あるいは電線と配線器具などの接続部に接触不良が起こる接触界面で、間欠的および連続的なシンチレーションなどの微小放電（微小火花放電など）が発生する。これによって銅導体表面に亜酸化銅が発生し、赤化した連続の発熱現象に変わる。これを赤熱現象（**第1図**）と呼ぶ。

赤熱現象は数Aの電流で発生部には1 000℃以上の発熱があり、電流の変動によっては火花が飛び散る。つまり、この現象が発生した場合、電気火災や電気設備に多大な被害を与えてしまう。

赤熱現象の発生フローをもとに、通電中に導体相互間に接続不良が生じて繰り返し微小な火花放電が発生する状況を想定。1.6 mm径の軟銅電線相互の電線端面を接触、非接触を繰り返すことが可能で、また、通電電流や電線間の離隔距離と接触時間、非接触時間を可変できる装置を開発し、赤熱現象の発生についての検証を行った。

第2図に赤熱現象発生装置の概略を示す。

【1】赤熱現象の発生方法と発生時の状況

1.6 mm径の軟銅電線を第2図の固定台に取りつけ、通電電流を0.5～

第1図　赤熱現象発生フロー

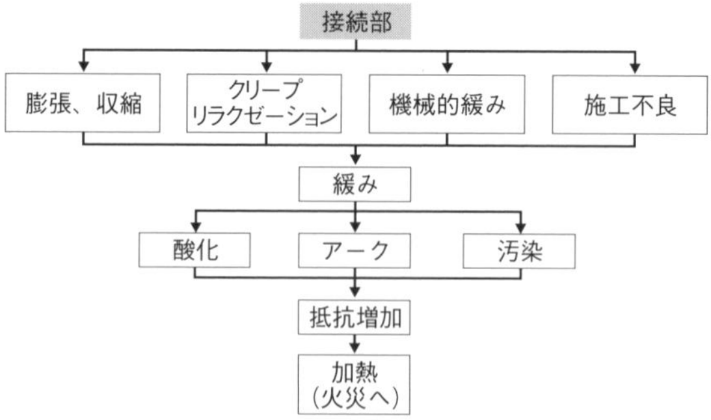

3.0 A、通電電流設定時の導体接触面の接触加圧力は約 9.8 Pa、導体相互間の離隔距離を 50 μm、接触時間を 0.1 s、非接触時間を 0.1 s のインターバルで接触不良状態をつくり、微小火花放電から赤熱現象を発生。発生部の温度や波形解析を行うこととした。

赤熱現象の発生時の状況を**写真 1** に示す。

【2】赤熱現象の特徴

a）第 2 図に示す実験装置を用いて、電線相互の端面を接触、非接触を繰り返し行った場合、電線相互の接触面には微小な青い火花（間欠シンチレーション）が発生する。その後、青色火花と赤色火花が混在した火花放電に変わり、さらに、電線相互の接触面には青色火花放電から赤色火花放電に移行し、写真 1 のような連続した赤熱現象につながる。

b）赤熱現象で生成された赤熱部位は写真 1 のような赤熱路が発生し、赤

第 2 図　赤熱現象発生装置の概略

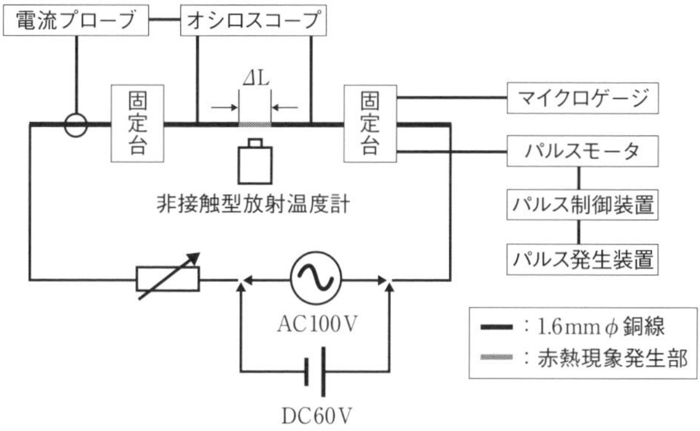

写真 1　赤熱現象

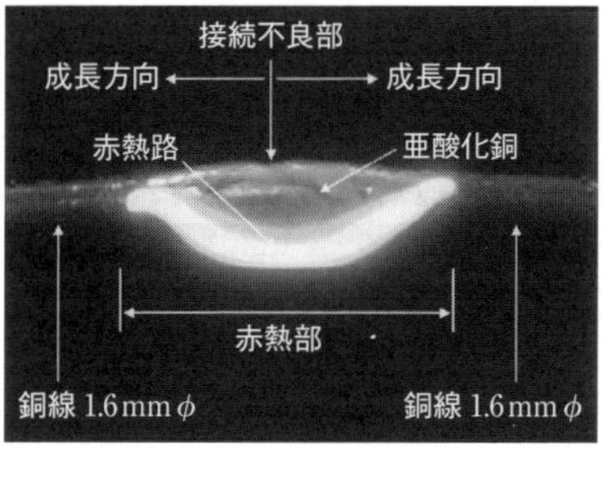

写真 2　増殖する赤熱路

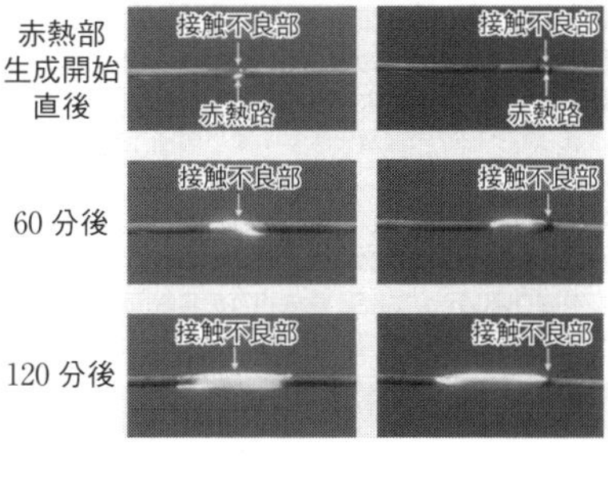

熱路は通電が続く限り増殖する（**写真2**）。

c）赤熱部の増殖に伴う成長は、**第3図**に示すように電流が流れ続ける限り大きくなる。赤熱部は交流電圧では左右に広がり、電線が細いほど成長速度は大きくなる。

d）赤熱現象の増殖は電源が交流、直流で異なり、写真2のように交流の

第3図　赤熱部の成長速度

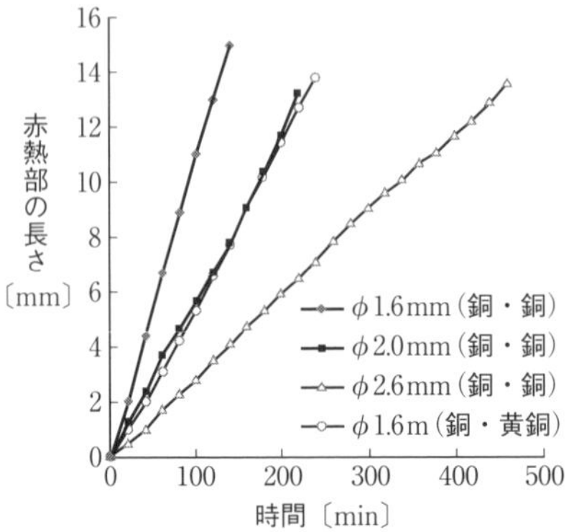

写真3　赤熱部の飛散状況

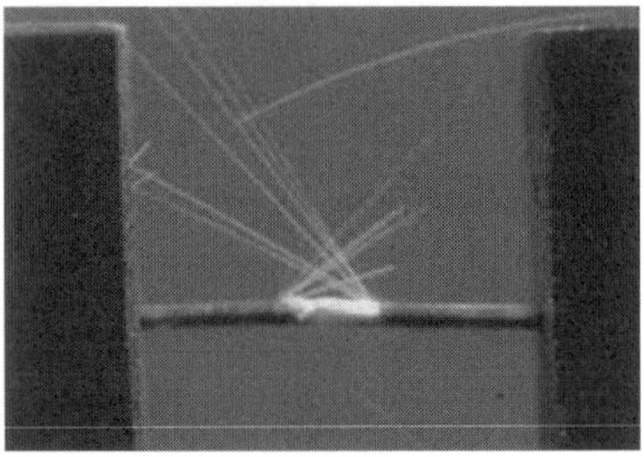

第4図　赤熱現象発生時の電圧、電流波形

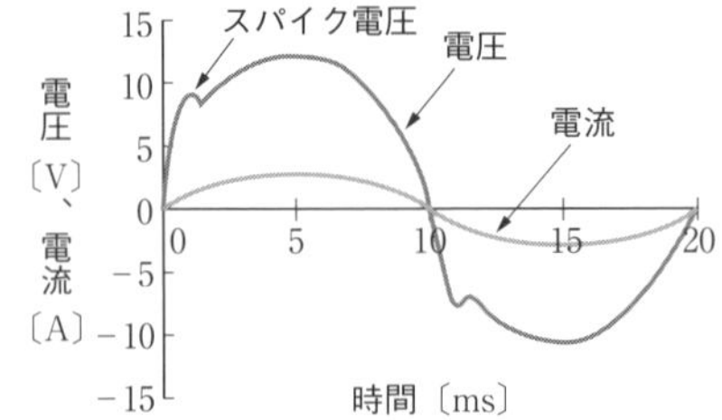

写真4　赤熱部の温度

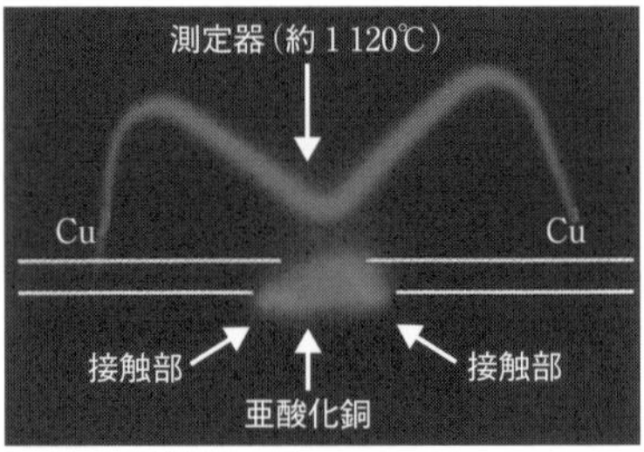

写真5　赤熱部の溶断状況

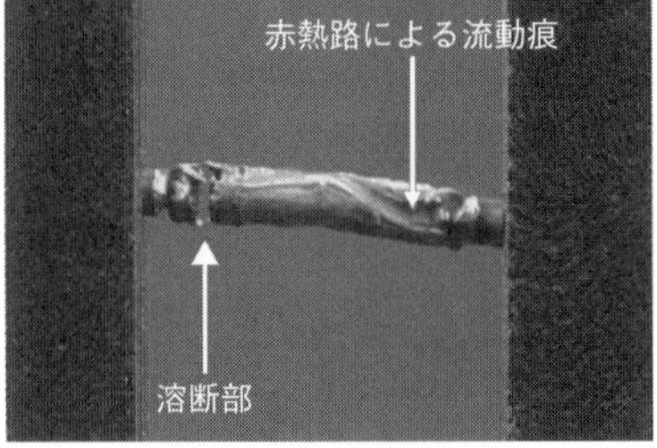

写真6　亜酸化銅の境界付近

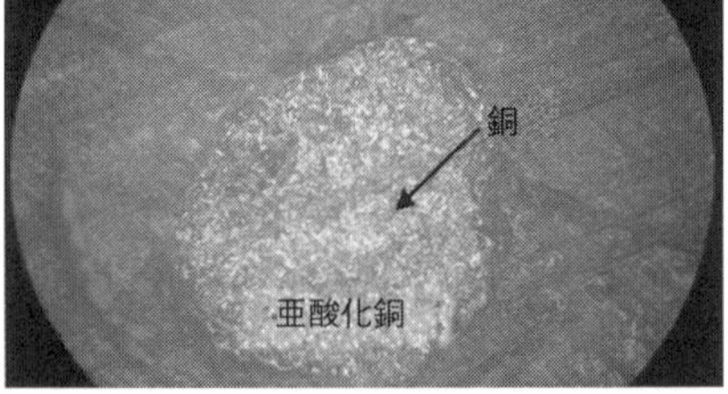

場合は接続不良部を中心として左右に同じ長さで増殖し、直流ではプラス側のみに増殖する。この現象から推定されることは、亜酸化銅（Cu_2O）が生成される際の Cu^+ と O^- のうち、O^- がプラス側の銅導体に作用しているものと考えられる。

e）赤熱現象は通電電流が 0.6 ～ 3.0 A 程度で増殖現象が起こる。しかし、2.0 A 以上になると赤熱路から火花が飛散する現象が確認された（**写真 3**）。

f） 赤熱路の温度は放射温度計で測定した結果、**写真 4** に示すように 1 000℃を超える発熱が確認できる。

g）火花の飛散が激しくなると、最終的に赤熱路の増殖部位で溶断して通電が止まり、冷却後は**写真 5** に示すような増殖時に生成された酸化銅（CuO）と銅導体領域に区分された状態が確認できる。

h） 赤熱現象発生時の交流電圧における電圧、電流波形を**第 4 図**に示す。また、冷却後の銅導体と亜酸化銅が増殖した境界付近の状況を**写真 6** に示す。

i）冷却後の赤熱発生部分の抵抗変化を測定した結果、**第 5 図**に示すような十数 kΩの高抵抗であることが確認された。また、抵抗変化は冷却時間の増加に伴って高抵抗化し、冷却後、120 分で約 28 kΩの達している。

【3】赤熱部に生成された冷却後の金属組織の成分分析

赤熱現象によって生成された黒色部の金属組織を確認することで、赤熱路で何が起こっているのかを推定することが可能と思われることから、成分分析を以下の方法で行った。

赤熱部の冷却後の金属成分を X 線で分析。解析方法は試薬酸化銅（Ⅱ）、

第 5 図　亜酸化銅の抵抗変化（直径 1.6mm）

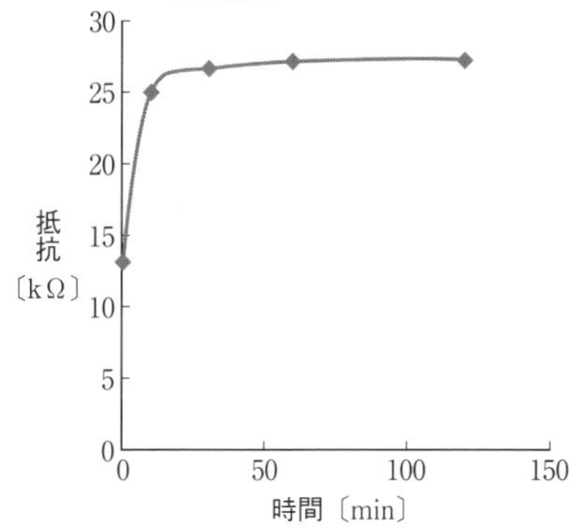

第 1 表　試薬亜酸化銅（Ⅰ）のピークリスト値（d 値）

d 値	相対強度〔%〕
3.0200	9
2.4650	100
2.1350	37
1.5100	27
1.2870	17
0.9795	4

試薬酸化銅（Ⅰ）と赤熱現象で発生した金属成分をX線分析でピークリサーチし、ピークリストを求めて比較する方法を採用した。

この方法はブラッグの法則に基づくX線の入射角と物質の強度から金属特有の値を求めることで、その物質の成分を求めるものである。

なお、試薬の酸化銅は銅を900℃で72時間燃焼させてつくった試薬酸化銅（Ⅱ）と、$CuCl_2$ と Na_2CO_2 を800℃で焼結して水でろ過したあと、乾燥させた試薬亜酸化銅（Ⅰ）を用いて比較した。試薬亜酸化銅（Ⅰ）のピークリストを**第1表**に、赤熱部を冷却させたあとの金属組織のピークリストの測定結果を**第6図**に示す。

この結果、試薬亜酸化銅（Ⅰ）のピークリスト値（d値）と赤熱現象で生成した金属成分のピークリスト値（d値）がほぼ一致していることから、赤熱現象の発生部で生成された金属組織は亜酸化銅であることが確認できる。

したがって、赤熱現象発生時の波形に示すスパイク電圧からも、亜酸化銅は整流作用を持つ半導体の性質があるといえる。

また、波形から成分分析した結果、**第2表**に示す電圧、電流の成分分析からも直流成分が含まれていることが確認できる。

第6図　接続部に生成された金属組織のピークリストの測定結果

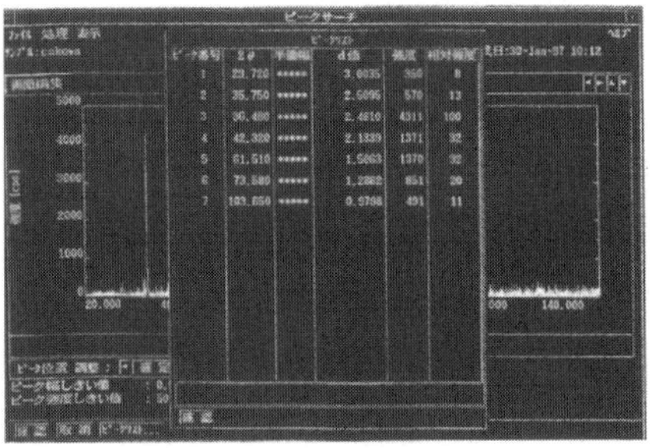

第2表　電圧および電流成分

U_{rms}〔V〕	8.626	U_{dc}〔V〕	0.408
I_{rms}〔V〕	2.012	I_{dc}〔A〕	0.008
U_{mm}〔V〕	9.212	U_{ac}〔V〕	8.617
I_{mm}〔A〕	2.004	I_{ac}〔A〕	2.012
		Z〔Ω〕	4.282

04 絶縁破壊と許容電流

絶縁材の絶縁抵抗と絶縁破壊

ここから絶縁破壊と許容電流について詳しく解説する。これらは誤った解釈で施工すると電気火災につながる「トラッキング現象」を引き起こすおそれがあり、そのメカニズムは十分に理解しておきたい。

まず、電気火災の原因として、コンセントと差し込みプラグ間で発生するトラッキング現象や、絶縁電線相互間の絶縁熱劣化などによるトラッキング現象により火災につながった事故が数多く報告されている。

電線などの絶縁材の絶縁抵抗は印加電圧 V を漏れ電流 I_r で除した値である。しかし、絶縁物に電圧を印加した場合、電流には絶縁物の内部に流れる I_i と表面に流れる I_f の２種類があり、前者によって生じる絶縁抵抗を体積絶縁抵抗、後者を表面絶縁抵抗と呼んでいる。

一般に、これらの絶縁抵抗の並列合成値を測定している。また、絶縁体の耐電圧を測定するために絶縁破壊試験が行われるが、この破壊電圧は絶縁材の厚さに必ずしも比例するとは限らず、絶縁破壊する電界の強さは試料（同一の絶縁材）が薄くなるほど大きくなるといわれている。この破壊の生じる平均電界を「絶縁破壊の強さ」として表している。

しかし、実際に使用されている絶縁材の絶縁破壊は絶縁体の汚れや湿気、温度などに影響されるため、環境によって絶縁破壊の強さも異なる。特に、絶縁体の温度による影響は次式が一般的に知られている。これは絶縁体の温度が高くなるにつれて、絶縁抵抗 R が低くなることを示している。

$$R = R_0 \times \exp\left(\frac{E_a}{KT}\right) \cdots\cdots(1)$$

ただし、R_0：定数

E_a：見かけの活性化エネルギー

K：ボルツマン定数

T：絶対温度

第1図　電力ケーブルの断面図と絶縁体内の電位傾度

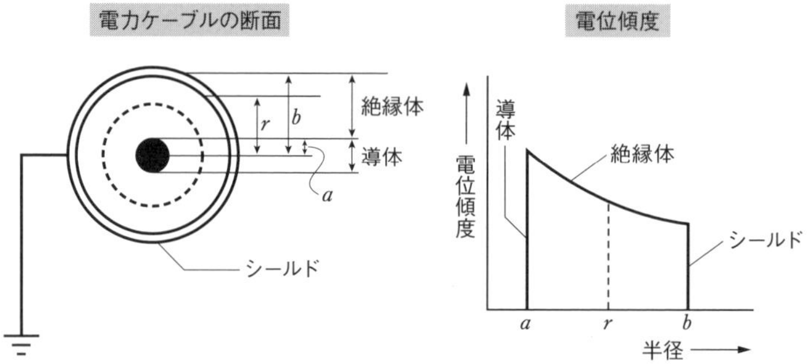

なお、電力ケーブル断面図により絶縁体内の電位傾度を**第1図**に示す。また、絶縁体内の電位は次式で求められる。

$$V=\frac{q}{2\pi\varepsilon r}\times\log\frac{b}{a}\quad\cdots\cdots(2)$$

ただし、q：電荷

ε：絶縁体の誘電率

絶縁電線およびケーブルの許容電流

絶縁電線およびケーブルの許容電流は被覆物の耐熱性を考慮しなければならない。したがって、施設条件が同一であっても、電線被覆の絶縁材の違いによって許容電流は異なっている。

絶縁電線やケーブルは通電で温度が上昇する。この温度上昇は絶縁材の熱劣化につながるため、材質の耐熱許容温度を決め、温度上昇が許容温度以下となる通電電流値を許容電流としている。屋内配線に使用している600 V ビニル絶縁電線や600 V 平形ビニル外装ケーブルなどは耐熱許容温度として60℃以下で使用されている。特に、ボイラー室などの温度環境が30℃を超えるような場合、耐熱ケーブルなどの使用が必要になる。

なお、通電に伴うジュール熱は絶縁材を通じて外部に放散されるため、絶縁材自体も冷却の役割を果たしている。したがって、絶縁電線やケーブルの施設方法、施設場所の違いによって絶縁材の熱放散に影響を与えることも考慮しなければならない。電線やケーブルを結束配線した場合や管内に収めた場合、熱放散が少なくなって絶縁材の熱劣化を促進することになるため、絶縁電線の許容電流も電流減少係数などを考える必要がある。

電線およびケーブルの許容電流についての法的規制

内線規程の用語の定義には「許容電流とは、電線の連続使用に際し、絶縁被覆を構成する物質に著しい劣化をきたさないようにするための限界電流をいう」とある。

また、「(注1) 一般に許容電流値をいう場合は連続使用の場合の値を指すものである。短時間使用の場合のものについては、特に短時間定格の許容電流などと称される。

(注2) この規程では、裸電線の許容電流を掲載していないことから、ここでは主に絶縁被覆を有する電線に対する許容電流を定義している」との注釈も掲載している。

すなわち、電線やケーブルの許容電流は導体の太さ（断面積)、絶縁材の最高許容温度、周囲温度などによって決定される。特に「電気設備に関する技術基準を定める省令」第57条1項では「配線の使用電線には、感電又は火災のおそれがないよう、施設場所の状況及び電圧に応じ、使用上十分な強度及び絶縁性能を有するものでなければならない」とあり、「電気設備の技術基準の解釈」第172条では、導体の太さ(断面積)による許容電流と絶縁材の最高許容温度、周囲温度の条件を考慮した許容電流補正係数(許容電流減少係数)を乗じたものとして、**第1～3表**のように同一管内で電線を挿入したときの電線数と電線の許容電流の関係を示している。

次章では配電盤や分電盤、あるいはEPS内で電線やケーブルを束ねて配線した場合に起こる「干渉発熱」を、実験やFEM解析などで検証した結果を基に解説する。

この干渉発熱は電線、ケーブルを束ねた中心部分が、電線やケーブルに流れた通電電流によって発生した熱が互いに干渉し、高熱に至る現象である。一般に、電線やケーブルを束ねた部分を表面から照射温度計などで計測しても外気温と大差ない温度が、束ねられた電線の中心部分では極めて高い温度になるため、中心部分では絶縁破壊が起こり、短絡や焼損により電気火災を引き起こす危険がある。**写真1**は600Vビニル絶縁電線（IV電線)を6本束ねて許容電流(27A)を流した場合の焼損した事例である。

電線やケーブルを束ねる本数と許容電流、電流減少係数について十分に注意する必要があるという。

第１表　同一管内の電線数と電線の許容電流および電流減少係数（内線規程 1340-2 表参照）

（周囲温度 30℃以下）

導体 ＼ 電線種別		許容電流〔A〕							
単線、より線の別	直径または公称断面積	VV ケーブル 3 心以下	IV 電線を同一の管、線び、またはダクト内に収める場合の電線数						
			3 以下	4	5～6	7～15	16～40	41～60	61 以上
単線	1.2mm	(13)	(13)	(12)	(10)	(9)	(8)	(7)	(6)
	1.6mm	19	19	17	15	13	12	11	9
	2.0mm	24	24	22	19	17	15	14	12
	2.6mm	33	33	30	27	23	21	19	17
	3.2mm	43	43	38	34	30	27	24	21
より線	5.5mm^2	34	34	31	27	24	21	19	16
	8 mm^2	42	42	38	34	30	26	24	21
	14 mm^2	61	61	55	49	43	38	34	30
	22 mm^2	80	80	72	64	56	49	45	39
	38 mm^2	113	113	102	90	79	70	63	55
	60 mm^2	150	152	136	121	106	93	85	74
	100 mm^2	202	208	187	167	146	128	116	101
	150 mm^2	269	276	249	221	193	170	154	134
	200 mm^2	318	328	295	262	230	202	183	159
	250 mm^2	367	389	350	311	272	239	217	189
	325 mm^2	435	455	409	364	318	280	254	221
	400 mm^2	—	521	469	417	365	320	291	253
	500 mm^2	—	589	530	471	412	362	328	286

備考：VV ケーブルを屈曲がはなはだしくなく、2m 以下の電線管などに収める場合も VV ケーブル 3 心以下の欄を適用する。

第２表　電線管に収める場合の電流減少係数（内線規程 1340-2 表を参照）

同一管内の電線数	電流減少係数
3 以下	0.7
4	0.63
5 または 6	0.56
7 以上 15 以下	0.49
16 以上 40 以下	0.43
41 以上 60 以下	0.39
61 以上	0.34

第３表　絶縁電線の許容電流補正係数および周囲温度などによる許容電流減少係数計算式(内線規程 1340-3 表参照)

絶縁電線の種類および施設場所の区分		絶縁物の最高許容温度(℃)	許容電流補正係数	許容電流減少係数計算式
IV 電線（600 V 二種ビニル絶縁電線を除く） RB 電線（絶縁物が天然ゴム混合物のものに限る）		60	1.00	$R=\sqrt{\dfrac{60-\theta}{30}}$
600 V 二種ビニル絶縁電線 600 V ポリエチレン絶縁電線（絶縁物が架橋ポリエチレン混合物のものを除く） スチレンブタジエンゴム絶縁電線		75	1.22	$R=\sqrt{\dfrac{75-\theta}{30}}$
エチレンプロピレンゴム絶縁電線		80	1.29	$R=\sqrt{\dfrac{80-\theta}{30}}$
600 V 架橋ポリエチレン絶縁電線		90	1.41	$R=\sqrt{\dfrac{90-\theta}{30}}$
600 V ケイ素ゴム絶縁ガラス編組電線	電線、またはこれを収める金属管などに接触し、または接近する造営材が電源の温度上昇により有害な影響を受けるおそれがなく、かつ、電線に接触防護措置を施す場合	180	2.24	$R=\sqrt{\dfrac{180-\theta}{30}}$
	その他の場合		1.41	$R=\sqrt{\dfrac{90-\theta}{30}}$
600 V フッ素樹脂絶縁電線	電線、またはこれを収める金属管などに接触し、または接近する造営材が電源の温度上昇により有害な影響を受けるおそれがなく、かつ、電線に接触防護措置を施す場合	200	2.15	$R=0.9\sqrt{\dfrac{200-\theta}{30}}$
	その他の場合		1.27	$R=0.9\sqrt{\dfrac{90-\theta}{30}}$

備考 1：R は許容電流減少係数、θ は周囲温度を指す。
備考 2：600V 耐燃性ポリエチレン絶縁電線(IE/F) は 600V ポリエチレン絶縁電線と同様に、また、600V 耐燃性架橋ポリエチレン絶縁電線(IC/F) は 600V 架橋ポリエチレン絶縁電線と同様に扱う。

写真１　IV 電線の焼損状況

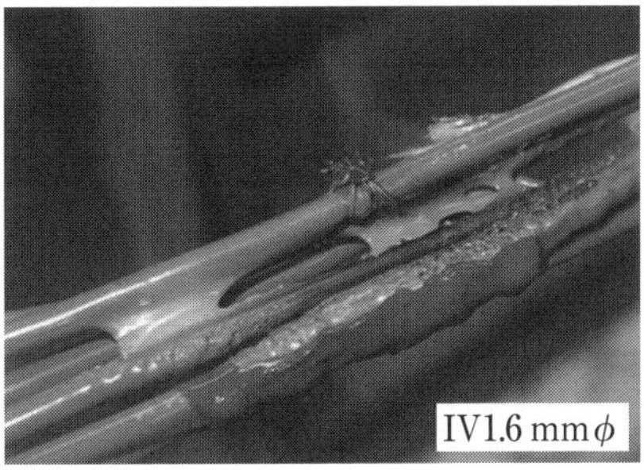

05 干渉発熱

干渉発熱による絶縁抵抗と絶縁破壊

近年、電線やケーブルなどを束ねた部分で通電電流による電線相互の発熱が互いに干渉し、絶縁シースを熱劣化させせる現象が起きている。このような干渉発熱によって電線相互間で短絡、火災に至った事例も多く報告されている。

例えば、制御盤内やEPS内の電線、ケーブルの結束部。特に、今後は建物の大型化や電力需要の増大に伴い、EPS内では電線やケーブルの密集化が進むと考えられることから、干渉発熱に対する検討も必要である。

したがって、絶縁シースの耐熱許容温度と、電線やケーブルを束ねた場合の許容電流の関係を認識することが必要である。

ここでは電線を結束した場合、結束部に発生する干渉発熱（絶縁電線結束部に発生する熱）に対する許容電流の考え方について、実験結果と、FEM解析によって検証した結果から、電線やケーブルを結束配線した場合の干渉発熱と許容電流の関係について解説する。

【1】許容電流の考え方と検討方法

❶許容電流と温度上昇

電線やケーブルの束線時の許容電流Iは次式で求められる。

$$I=K\sqrt{\frac{T}{rR_{th}}}\,\text{〔A〕} \quad \cdots\cdots(1)$$

ただし、T：温度上昇値

R_{th}：全熱抵抗

K：許容電流低減率

r：定格温度での導体抵抗

(1)式から温度上昇値Tは以下で求めることができる。

$$T=(I^2r)\times\left(\frac{R_{th}}{K^2}\right) \quad \cdots\cdots(2)$$

このことから、許容電流低減率 K の二乗分の1は全熱抵抗 R_{th} にかかる干渉発熱係数と考えることができる。

❷FEM解析による干渉発熱の推定

結束した電線の干渉発熱の解析は、電線断面の二次元方向について定常熱方程式と熱伝導方程式で支配される熱伝導を、有限要素法伝熱解析ソフトウエアにより数値計算することで求められることとした。

$$\lambda\left(\frac{\delta^2 T}{\delta x^2}+\frac{\delta^2 T}{\delta y^2}\right)+Q=0\cdots\cdots(3)$$

ただし、λ：熱伝導率

T：温度

Q：発熱量

$$Q=h\ (T_w - T_{out})\ \cdots\cdots(4)$$

ただし、Q：熱流束

h：熱伝導率

T_w：表面温度

T_{out}：周囲温度

❸実験方法

第１図に示す実験装置を用いて、600 V ビニル絶縁電線1.6 mmϕ と平形ビニル外装ケーブル1.6 mmϕ 2心(以下、IV1.6 mmϕ、VVF 1.6 mmϕ 2 C)を1～10本束ねて10～30 Aの電流を流し、結束中央部の心線とケース内の温度を熱電対で計測して電線とケーブル各部の温度上昇値を求めた。なお、電線は結束バンドでまとめた。

写真１はIV電線の結束した状態の絶縁材の密着状況である。**第２図**にVVFケーブルの結束状況と温度測定点を示す。

第１図　結束部の温度測定実験装置

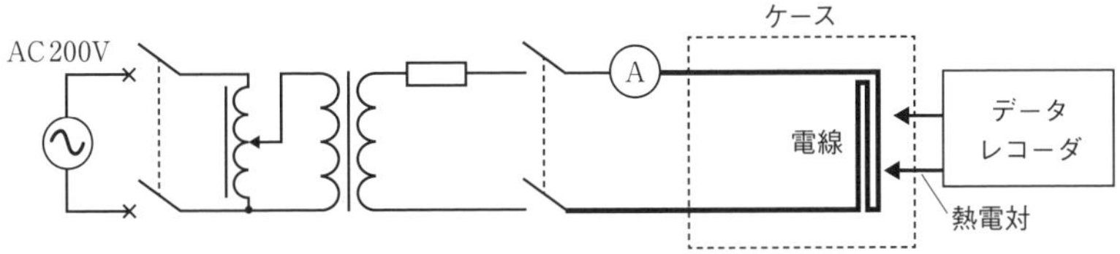

第２図　VVF ケーブルの結束状況と温度測定点

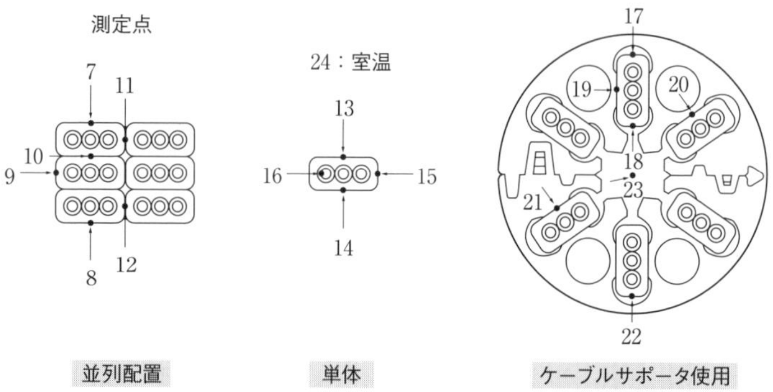

第３図　結束本数と温度上昇

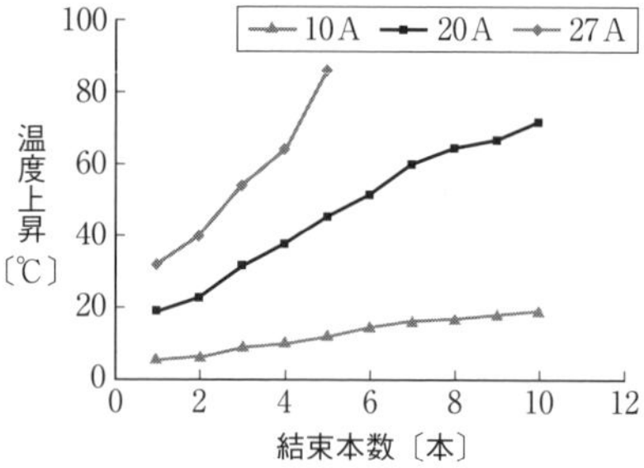

第４図　結束本数と許容電流低減率

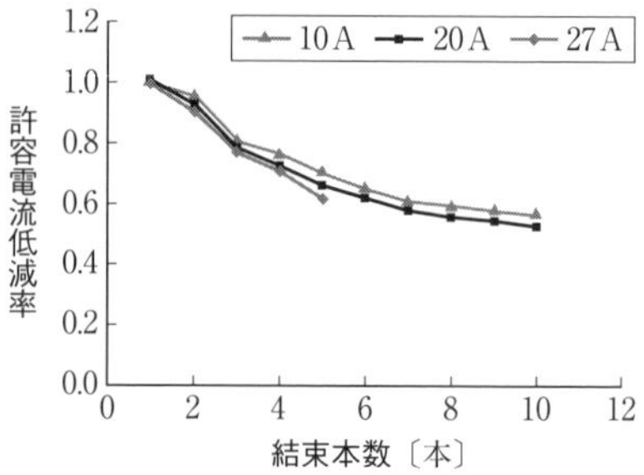

❹実験による結束時の干渉発熱

a）IV1.6 mm ϕ の場合

第３図に通電電流 10 ～ 27 A における結束本数と結束中央部の心線（絶縁被覆内壁面）の温度上昇値を示す。通電電流 20 A において、周囲の温度条件を考慮すれば、結束本数が 4 本以上で 600 V ビニル絶縁電線（IV 電線）の耐熱許容温度 60 ℃を超えている。また、結束本数が 2 本以上でも周囲温度が 20 ℃を超えるときは耐熱許容温度を超えるおそれがある。

結束本数と全熱抵抗値 $\frac{R_{th}}{K^2}$、結束本数と干渉発熱係数 $\frac{1}{K^2}$ の関係から、許容電流低減率 K の関係を**第４図**に示す。

電線相互間の干渉発熱について、FEM 解析の結果を**写真２**に示す。結束数の増加に伴って心線の温度が上昇し、絶縁被覆の温度も上昇する。特に、心線に近い部分の絶縁被覆内面の温度が高くなっている。

写真１　IV 電線の結束時の密着状況

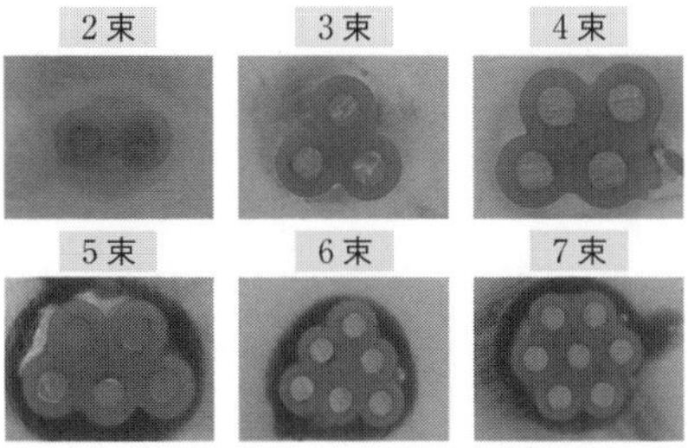

写真２　FEM 解析による温度分布（2 ～ 10 束）

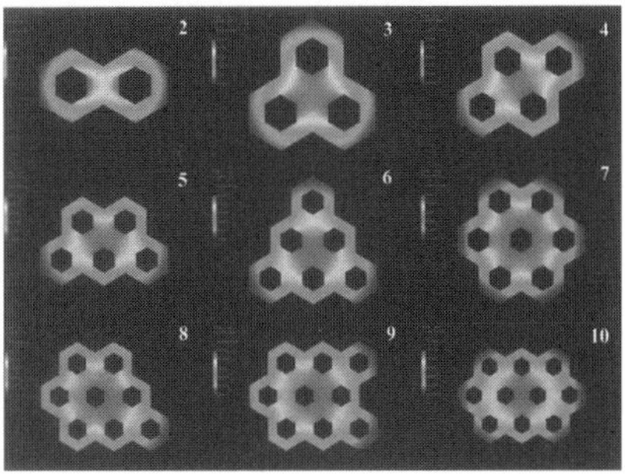

第５図　実験値と FEM 解析結果の比較

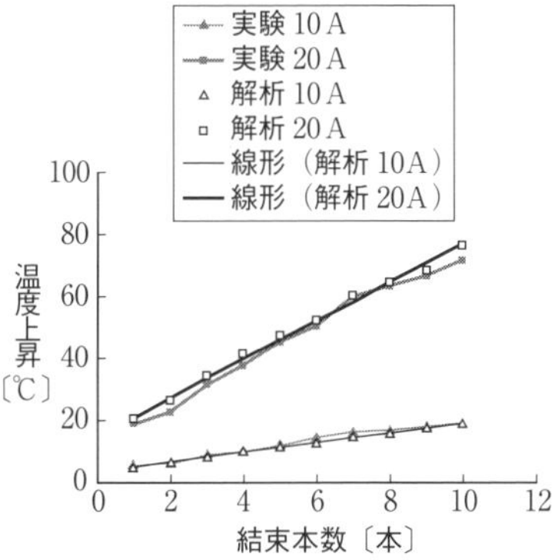

また、**第５図**に通電電流 10 A および 20 A 時の結束本数と温度上昇値について、実験値と FEM 解析結果の比較を示す。FEM 解析結果は実験値に近い値を示している。なお、IV1.6 mmϕ を 6 本結束して 27 A の電流を流

第６図　VVF ケーブルの温度上昇結果

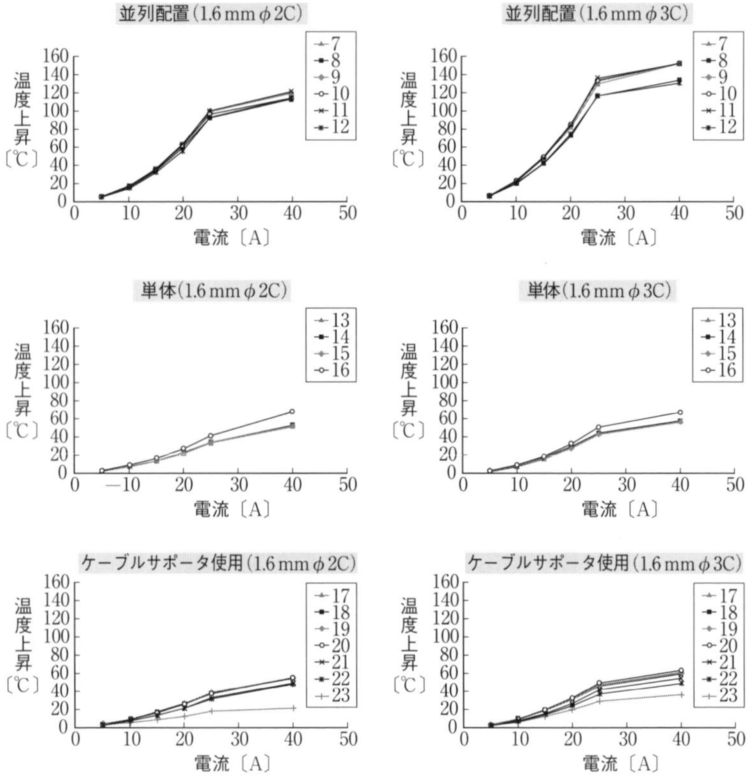

した結果、ビニル絶縁部分は溶融し、心線相互は短絡状態となる。

b) VVF1.6 mm φ 2 C、3 C の場合

第６図に VVF ケーブル２心、３心の６本結束部の温度上昇結果を示す。1.6 mm φ 2 C を並列配置で結束した場合、許容電流は 18.9A で、ケーブルの許容温度 60 ℃に対し、70 ℃を超える結果を示した。配線用遮断器（20 A 用）の定格電流 20 A では 80 ～ 86 ℃と、すべての測定点で 80℃を超えている。

なお、1.6 mm φ 3 C の場合、通電電流 15A で 65 ～ 71 ℃と、すべての測定点で 60 ℃を超えている。これは、通電電流が 20 A では 96 ～ 108 ℃まで達することを示唆している。

結束配線による干渉発熱への考察

絶縁電線やケーブルを結束バンドなどでまとめた場合、結束内部は表面温度に比べて非常に高い温度に達する。結線配線では、電線やケーブル相互間の密着度が高いほど、干渉発熱による影響は大きくなるものと考えられる。したがって、電線やケーブルなどの結束数や通電電流の増加に伴って、干渉発熱による影響は拡大するといえる。

特に、屋内配線で多用されるVVFケーブルを6本結束し、通電電流を20Aとした場合、絶縁シースは80℃を超え、極めて危険である。

また、配線用遮断器の遮断電流と遮断時間の関係から、通電電流40Aが2分間流れた場合は150℃に達し、冷却後のケーブル相互間は完全な融着状態となった。このことは「電気設備の技術基準の解釈」に示されている「定格電流30A以下の配線用遮断器（20A用）の動作特性は、定格電流の2倍の電流を通電したとき、2分以内で自動的に遮断する」との条件ではケーブル内の心線相互間で短絡事故につながるおそれもあり、電気火災や電気事故を引き起こす危険性があることを示唆している。

結束数が6本を超えた場合、さらに干渉発熱の増加につながるため、電気火災などの危険度も高くなる。以前、筆者が訪欧したときにドイツ製のアウトレットボックスを調べたところ、ボックス内で接続する場合、電線サイズと接続個数が指定されていた。この点は注目すべきである。

以上のことから、電線やケーブルを結束配線するときには次の点を考慮する必要がある。

・結束配線では結束部に発生する干渉発熱により、心線に近い電線相互間の絶縁被覆に許容電流以下であっても絶縁被覆の耐熱許容温度を超え、絶縁劣化による線間短絡が発生する危険性を考慮する必要がある。

・内線規程などでは、VVFケーブルやIV電線を電線管に収める場合、許容電流に対して電流減少係数を乗じた電流値以下で使用することが規定されている。しかし、電線やケーブルを結束した場合では明確な規定がないため、干渉発熱による影響は無視されがちである。そうなると、今後、干渉発熱による電気火災は増加するものと思われる。したがって、電線やケーブルの結束配線時における干渉発熱の影響を考慮し、結束本数と許容電流の関係を検討することも必要である。

・結束部の温度上昇値については、FEM 解析による方法も有効である。特に、配線設計の段階において周囲温度や結束本数から許容電流を算出し、配線用遮断器との整合性を考慮することも必要である。

・電気負荷の増加は配線が集中する分電盤内や EPS 内、あるいは天井内などでは配線が複雑化し、設備管理に影響を与えることになる。これらに対し、**写真 2** のような干渉発熱の防止策として、ケーブルサポーターなどを使用することも有効といえる。

写真２　干渉発熱防止用ケーブルサポーター

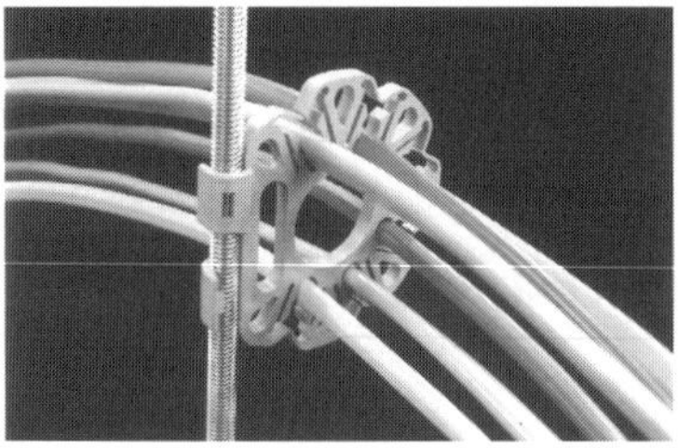

06 トラッキング現象

トラッキング現象と発生原因

ここからはトラッキング現象について解説を進める。

一般家庭における電気火災の多くはコンセントとプラグ間で起こる「トラッキング現象」が引き金になっている。トラッキングとは、電気の場合、電流の流れた跡、あるいは電流の道と考えられる。すなわち、絶縁材などによって電流の流れてはいけない部位に微小な電流が間欠的に流れ始め、次に連続的な微小電流の流れに変わり、最終的に完全に電流が流れる経路ができて短絡が発生し、電気火災につながるものである。

この現象は家電機器などへの電源供給のために長期間、プラグを差し込んだままにすることで起こり、その要因は電極間に結露や塵埃《じんあい》が付着して徐々に絶縁抵抗が低下し、最終的に絶縁破壊に至る場合と、コンセント内部での高温化による絶縁抵抗の低下によるものと考えられている。

トラッキング現象の解釈

トラッキング現象について、電気学会による電気設備の診断技術では以下のように記載されている。

「固体絶縁物表面上の沿面方向に電解が存在するところには炭化導電路が局部加熱によって形成される。その加熱源は電流が流れることによって発生するジュール熱や、ドライバンド形成により発生する部分放電、アーク放電による熱などである。

テープ巻き端末やモールドコーン差し込み形端末は塩分、ホコリなどによる汚染によって表面リーク、微小沿面放電、表面炭化焼損が起こる。これをトラッキング劣化と呼ぶ。

トラッキング劣化は最終的に表面フラッシオーバに至る。紫外線やオゾンは端末表面にクラックを発生させ、トラッキング現象を促進させる」

なお、電気設備学会誌では「高圧機器に使用される絶縁材料の表面に汚れや霧、雨滴などが付着した場合、これらを通じて絶縁材料の表面に電流が流れ、この部分に高圧がかかる。このような現象を繰り返すことによって絶縁物の表面の一部が分解される。例えば、絶縁物が有機物であると、その部分は炭化物が形成され、絶縁破壊が起こる。このような現象をトラッキング破壊という」と記載されている。

トラッキング現象発生原因の検討

配線器具である埋め込み型コンセントなどは、いったん設置されると半永久的に交換されることがなく使用されている。特に、一般需要家の場合、結露や塵埃などが多発する場所においても、これらを除去するといった管理が行われていないのが実情である。

つまり、トラッキングの発生要因として、結露や塵埃による場合と、配線器具内の接続部分などから発生する加熱による場合が考えられている。**第１図**に、これらの要因を考慮し、市販されているコンセントと差し込みプラグを用いて、耐トラッキング性能を評価、検証する方法と項目を示す。

差し込み接続器の種類と特性

市販のコンセントやプラグなどの差し込み接続器の素材（絶縁材）にはユリア樹脂系と塩化ビニル絶縁材（PVC）がある。**第１表**に素材の種類と特性を示す。

一般に、差し込み式コンセントやねじ式コンセント、セパレートタイプのプラグは耐トラッキング性能の強いユリア樹脂系の絶縁材でつくられているが、モールドタイプのプラグは耐トラッキング性能の弱いPVCでつくられている。特に、近年では一般家庭で使用されている電気機器の差し込みプラグはモールドタイプが多用されている。

なお、第１表に示す差し込み接続器は周囲温度は40℃以下で使用され、一般需要家、事務所などで使用されるものである。

また、JISで用いる言葉の意味は次のように定義されている。

・差し込み接続器

差し込みプラグとプラグ受けで構成され、差し込みプラグをプラグ受けに差し抜きすることによって配線コードまたはコード相互の電気的接続器および断路を随時用意できるようにした接続器。

第1図　トラッキング発生要因についての検討方法と検討項目

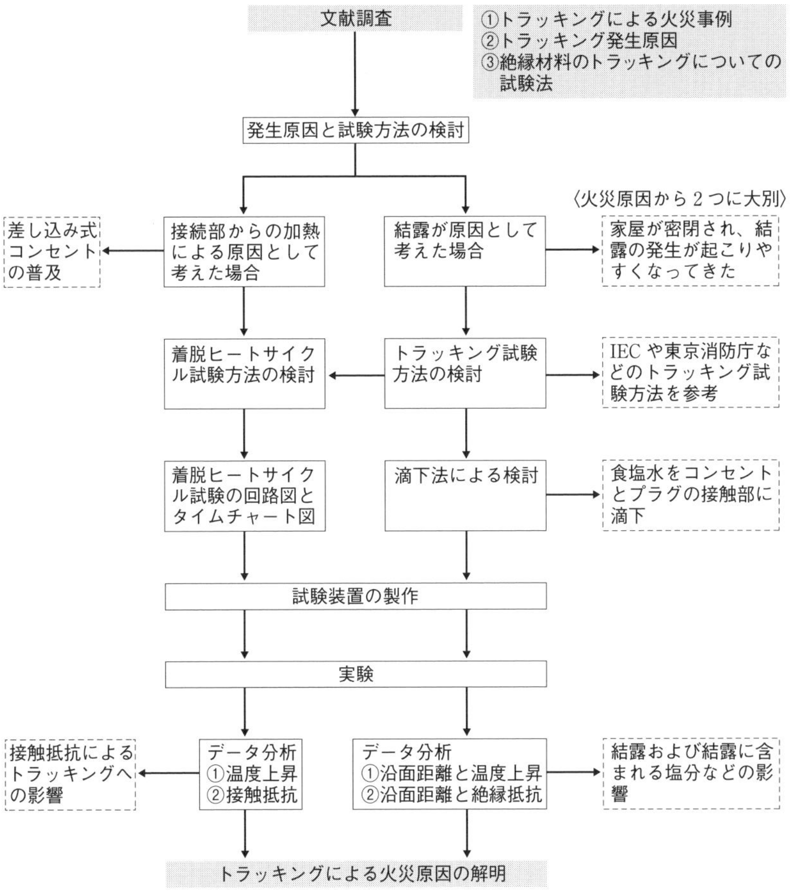

第1表　差し込み接続器の種類と特性

種類	素材	特性
差し込みコンセント	ユリア樹脂系	・熱硬化性、耐熱性に強い ・丈夫で吸湿性が少ない
ねじ式コンセント		
分離型プラグ （セパレートタイプ）		
一体型プラグ （モールドタイプ）	PVC （塩化ビニル絶縁材料）	・ユリア樹脂系に比べて熱硬化性、耐熱性、吸湿性のすべてが劣る

・差し込みプラグ

刃および絶縁物で覆ったコード（キャブタイヤケーブルを含む）、接続部などから構成され、これを手に持ってプラグ受けに差し抜きするもの。

・コンセント

差し込み接続器のプラグ受けの一種であって、刃受け、配線接続端子などから構成され、造営材、機器などに固定できるもの。

ユリア樹脂と塩化ビニルの耐トラッキング性能の評価

コンセントやプラグに使用されているユリア樹脂絶縁材と塩化ビニル絶縁材の性能について、IEC112の試験法に基づいて耐トラッキング性能を評価するため、試料をセットする装置を**第2、3図**と**写真1**、さらにトラッキング試験回路を**第4図**に示す。

なお、絶縁材に滴下する電解液（**第2表**）は塩化ナトリウム水溶液、塩化アンモニウム水溶液、家庭用洗剤液などを使用し、滴下量と滴下時間の間隔はIEC112に準拠して30秒間隔で20 mm^{3}を、試料表面から35 mmの高さから滴下することとし、トラッキングの発生は0.5 Aの電流が2秒以上流れたときと設定した。

検証結果は以下のとおりである。

1）絶縁材は滴下数の増加に伴っ

写真1　耐トラッキング性能評価の実験装置

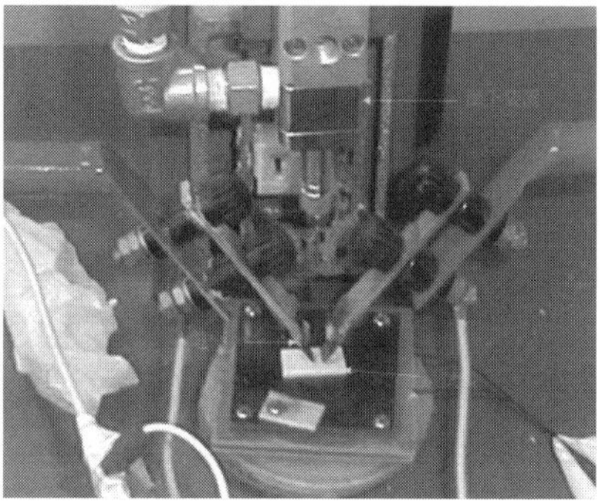

第2図　耐トラッキング性能評価の実験装置の概要

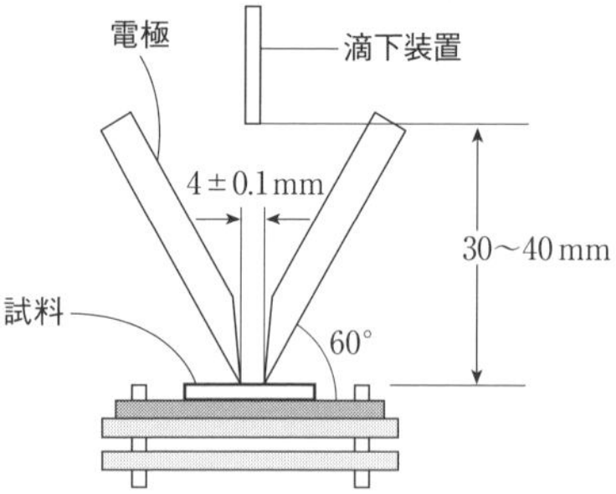

第3図　加熱装置の概要

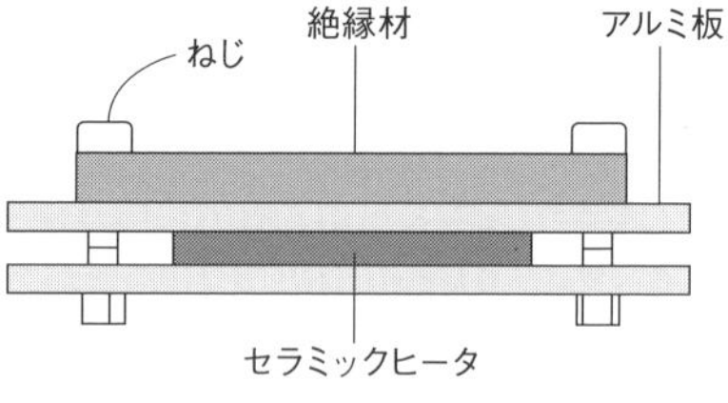

て漏れ電流が増加する。また、滴下水溶液の濃度が高くなるにつれて漏れ電流が多く流れ、トラッキングに至る危険性が高くなる。特に、滴下水溶液の濃度が1%以上となると極めて高くなる。この結果を**第5図**に示す。

2）滴下水溶液は食塩を含んだ場合と比べ、塩化アンモニウムを含んだほうがトラッキングは発生しやすいという結果を示した。ユリア樹脂絶縁材と塩化ビニル絶縁材では、明らかに前者のほうが耐トラッキング性能は高いことが確認された。この結果を**第6、7図**に示す。

3）キッチン用の洗剤液と拭き掃除用の洗剤液を滴下した結果、後者のほうがコンセントなどに付着した場合、トラッキングの発生につながる危険性が極めて高いことが確認された(**第8図**)。

4）トラッキング現象に至る前兆として、間欠シンチレーションが発生する。このとき、絶縁材の沿面には炭化経路（**写真2**）ができて、この炭化経路が引き金になって発火に至ることが確認された(**写真3**)。

第4図　トラッキング試験回路

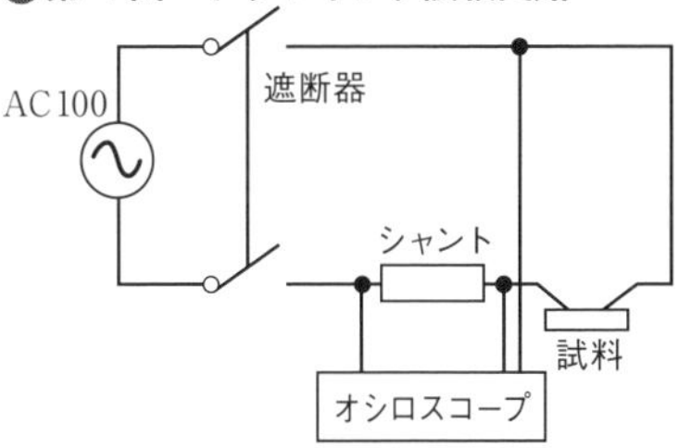

第2表　滴下する電解溶液の一覧

電解溶液名	濃度〔%〕		
塩化ナトリウム水溶液	0.1	1.0	5.0
塩化アンモニウム水溶液	0.1	1.0	5.0
家庭用洗剤など	原液		

第5図　ユリア樹脂絶縁材の漏れ電流

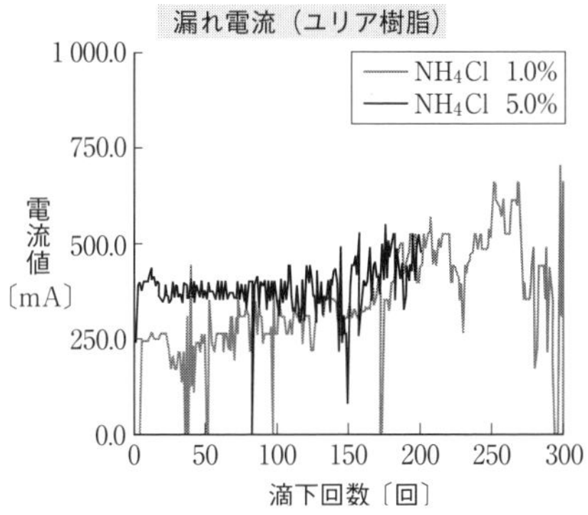

第6図　ユリア樹脂絶縁材に食塩を含んだ水溶液を滴下した場合

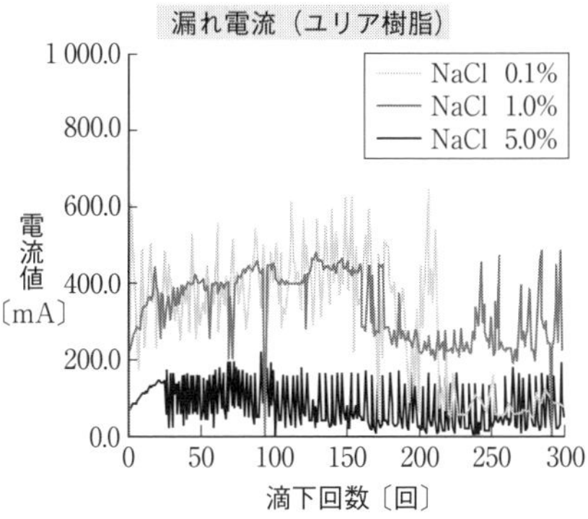

5）トラッキングの発生に至る実験の様子を**写真 4、5** に示す。

第７図　塩化ビニル絶縁材に塩化アンモニウムを含んだ水溶液を滴下した場合

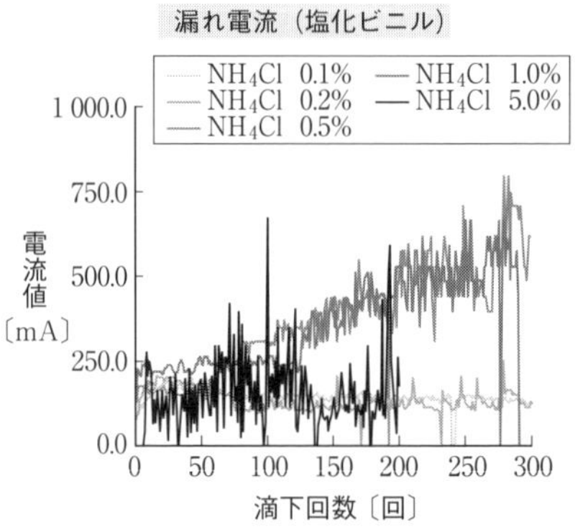

第８図　家庭用洗剤液を滴下した場合

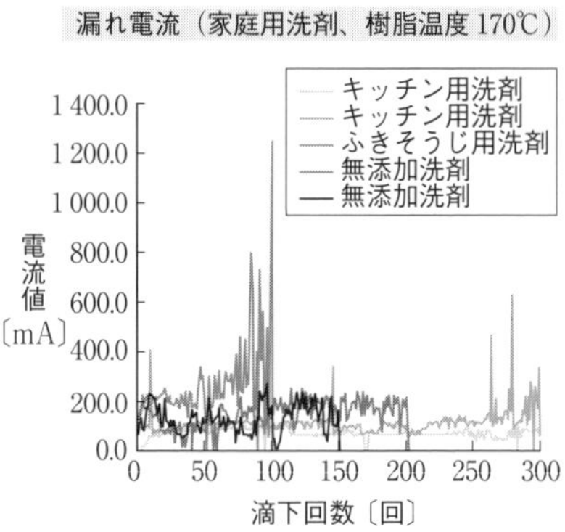

写真２　絶縁材に発生した炭化経路

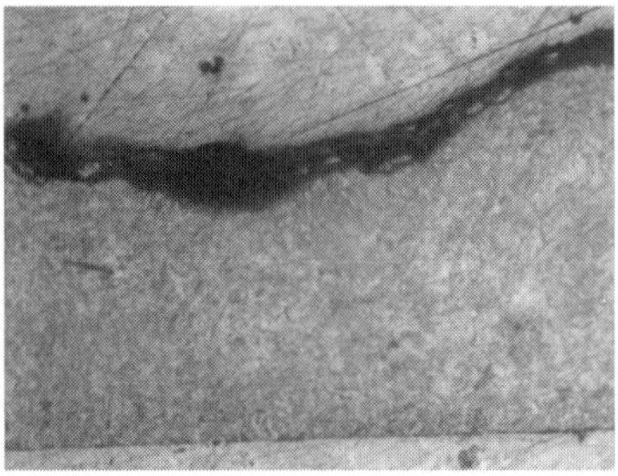

写真３　トラッキングによる焼損

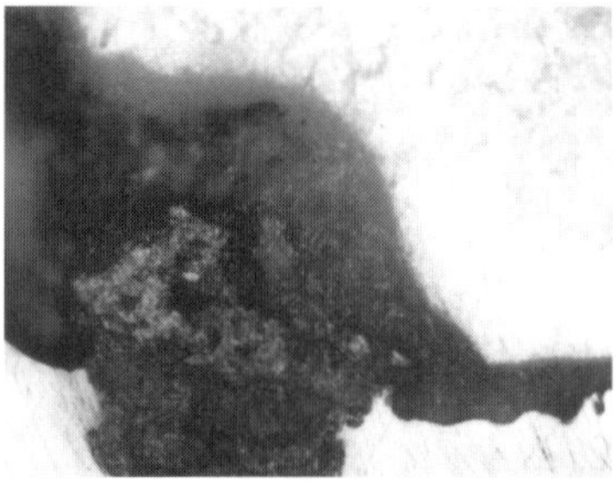

写真4　ユリア樹脂絶縁材の発火状況

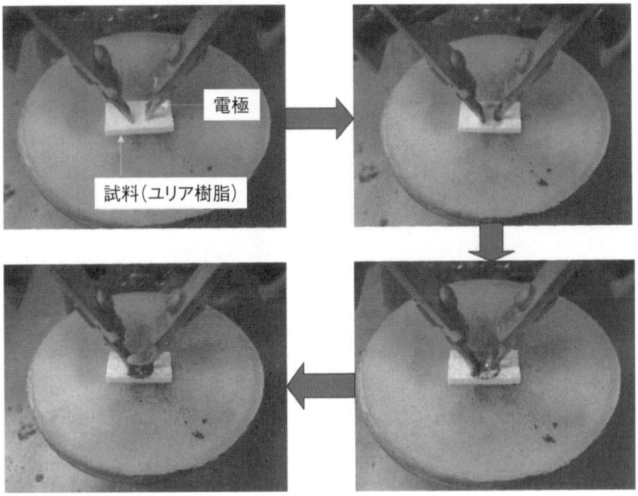

写真5　塩化ビニル絶縁材の発火状況

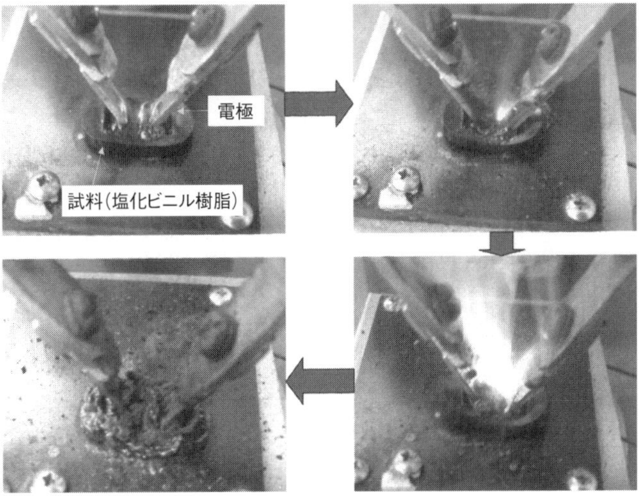

コンセントとプラグ間におけるトラッキング発生についての検証

一般家庭で使用されている状態を想定し、トラッキングの発生についての検証を行うため、**第9図**に示すように「結露を考慮した場合」と、コンセ

第9図　トラッキング発生原因の検証フロー

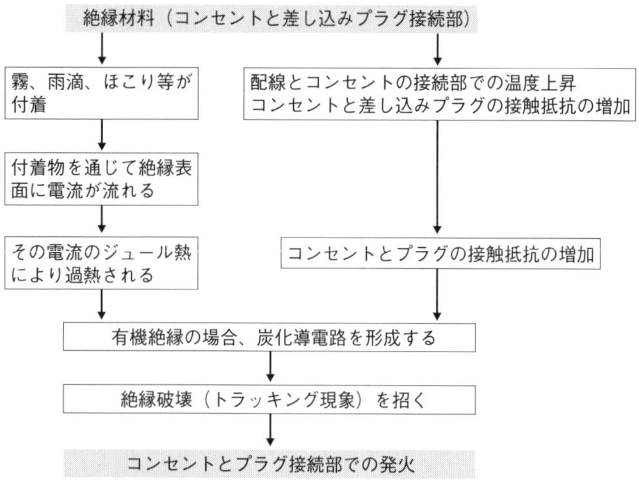

第10図　水溶液滴下試験回路図

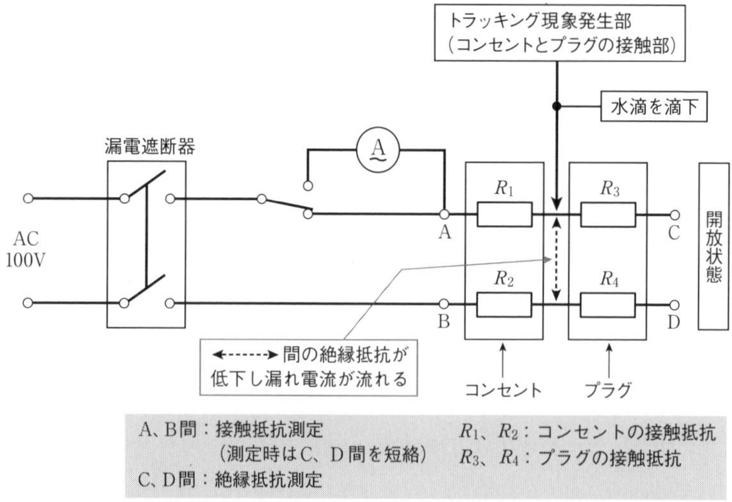

ントとプラグの「着脱を繰り返す」ことで生じるコンセントとプラグ間の接触抵抗の増加に伴う熱的影響について検証することとした。

着脱ヒートサイクル試験装置、さらに、滴下試験装置（**第10図**）を使用してコンセントとプラグ間の挿入部に水溶液を滴下し、トラッキング発生の検証を行う。本実験には耐トラッキング性能を高めるために極間の沿面距離を長くしたメーカー各社のコンセントを使用し、**第11図**に各社の沿面距離とくぼみの形状を示す。

【1】着脱ヒートサイクル試験の結果

第12図に、A社、B社、C社、D社のコンセント内部の温度上昇特性と接触抵抗特性をそれぞれ示す。

A社のコンセント内部の温度上昇特性はコンセント（ユリア樹脂）にモールドタイプのプラグ（塩化ビニル）の組み合わせが最も温度上昇が高いという結果となった。

なお、ねじ式コンセント（ユリア樹脂）にセパレートタイプ（ユリア樹脂）の組み合わせと、差し込み式コンセント（ユリア樹脂）とセパレートタイプ（ユリア樹脂）の組み合わせは着脱回数が1 500回程度でもコンセント内部の温度上昇は比較的安定している。

また、接触抵抗の変化も温度上昇特性と同様の変化を示している。

B社の沿面対策タイプのコンセントが最も安定し、D社のものが最も不安定な結果となった。なお、ねじ式コンセント（ユリア樹脂）とセパレートタイプ（ユリア樹脂）の組み合わせがプラグ内部の温度上昇特性、接触抵抗

第11図　差し込み式コンセントの沿面距離とくぼみの形状

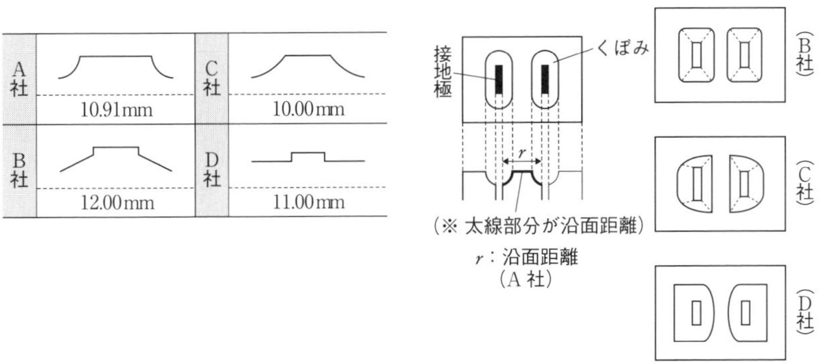

第12図　コンセント内部の温度上昇特性および接触抵抗特性

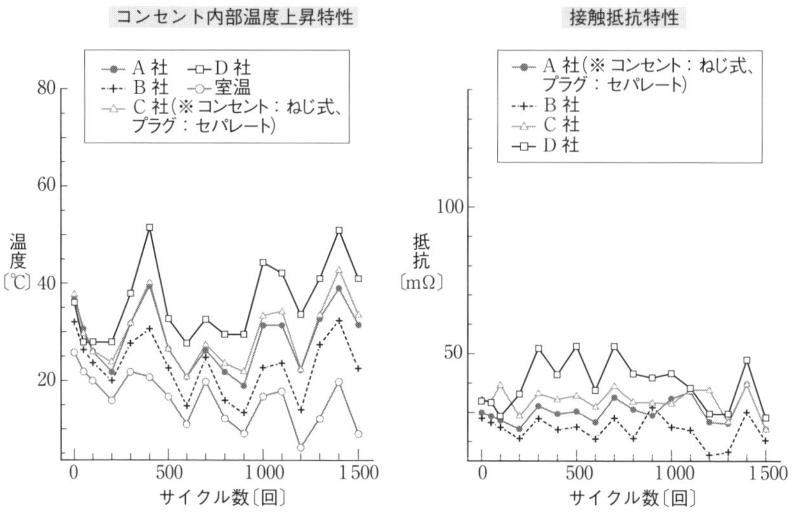

特性において、各社とも安定した結果を示した。

【2】水溶液滴下試験の結果

コンセントとプラグ間に食塩を含んだ水溶液を滴下したときの滴下数と漏れ電流特性について、評価した結果は以下のとおりである。

各社とも滴下数の増加に伴って漏れ電流は増加する。特に、差し込みプラグが塩化ビニル絶縁材では、B社、C社の沿面対策では本実験のような2%水溶液による滴下に対し、漏れ電流が発生しやすい傾向を示している。これが意味することは、乾燥時では沿面距離を長くすることによって耐トラッキング性能としては効果的であるが、結露などの発生しやすい場所では逆に耐トラッキング性能が悪くなると考えられる。

上記から、コンセントと差し込みプラグの組み合わせによっては耐トラッキング性能に違いがある。特に、塩化ビニル絶縁材との組み合わせでは塩分を含んだ水溶液がコンセントとプラグ間で結露となった場合、耐トラッキング性能が低下する傾向にある。また、着脱回数が多くなるほど接触抵抗が増加することで耐トラッキング性能が低下すると考えられる。

これらのことにより、塵埃や結露、あるいは洗剤液などの扱う場所ではトラッキング現象が起こりやすいため注意する必要がある。

07 接地の基礎知識

接地の基礎知識

接地の目的は、**第１図**に示すように「保安用接地」「機能接地」「外部雷保護用接地」に大別される。

保安用接地の主な目的は感電防止、火災防止、電位上昇防止などがある。また、機能接地の目的には電子機器の基準電位や機能維持、動作の安定用などがあり、外部雷保護接地は落雷による雷サージなどの異常電圧に対する電気機器の保護や建築物、人体保護などがある。

【１】低圧電路の保安用接地

低圧電路の接地についての規定として、電気設備に関する技術基準を定める省令(以下、電技)の「感電、火災防止」について、第４条に「電気設備は感電、火災その他人体に危害を及ぼし、または物件に損害を与えるおそれがないように施設しなければならない」とある。

また、電気設備の接地について、第10条に「電気設備の必要な箇所には、異常時の電位上昇、高電圧の侵入などによる感電、火災その他人体に危害を及ぼし、または物件への損傷を与えるおそれのないよう、接地その他の適切な措置を講じなければならない。ただし、電路に係る部分にあっては、第５条第１項の規定に定めるところによりこれを行わなければならない」と規定している。

さらに、第11条に接地の方法について「電気設備に接地を施す場合は、

第１図　接地の種類と主な目的

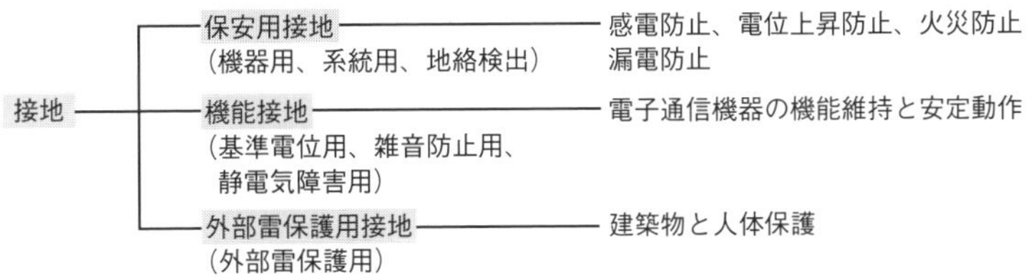

第２図　日本のTT系統接地方式と特徴

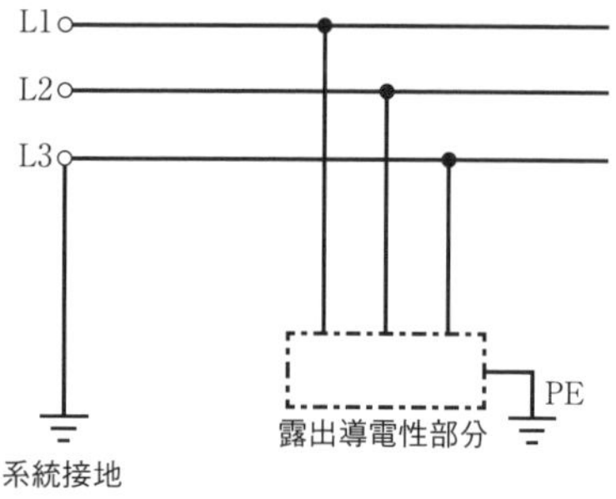

第３図　欧州のTN-C系統接地方式と特徴

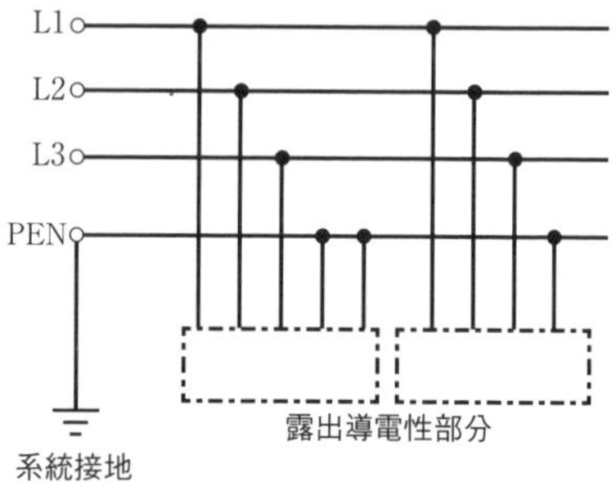

電流が安全かつ確実に大地に通ずることができるようにしなければならない」と記されている。

これらのことから、日本では低圧電路および電気機器などの金属フレームなどに接地を行うTT系統接地方式が採用されている（**第２図**）。一方で、欧米諸国では配電線路の接地相を接地電路として、機械器具の金属製外箱に接地を施すTN系統接地方式を採用している（**第３図**）。

写真１　接地極に接続された接地導体と接地端子（ドイツの一般家庭の例）

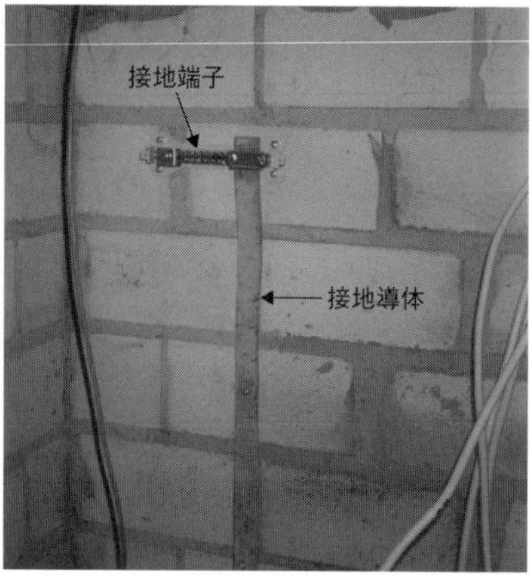

日本の接地方式と欧米諸国の接地方式の大きな違いは、電気機器などに地絡（漏電）した際、地絡電流を漏電遮断器や地絡継電器などで検出して電路を遮断するもので、欧米諸国のTN系統接地方式では電気機器などに地絡が生じた場合、接地電路を介して短絡することになり、電路の遮断は配線用遮断器による短絡遮断といえる。ただし、一般需要家に供給される電圧は200 Vと日本の電圧に比べて高いため、接地相の接続部に「緩み」や「接続不良」が生じた場合、配線用遮断器で遮断できないおそれもあることから感電事故につながる危険性が生じるため、機械器具の金属製外箱には接触電圧50 V以下となるように接地が施されている。**写真１**に、接地極に接続された接地導体を示す。

【2】TT接地方式とTN接地方式

TT 系統接地方式は、第2図のように電路の1線を直接接地（B 種接地）し、電気機器の金属製外箱や露出導電性部分を独立して接地極（C 種接地または D 種接地）へ接続する方式である。

TN 系統接地方式は配電線路の接地相を接地電路として、電気機器の金属製外箱や露出導電性部分を保護導体に接続する接地方式であり、中性線や保護導体の取り扱いによっても名称が異なってくる。なお、第3図に示しているのは TN-C 系統接地方式である。

これらの方式の文字記号の意味は以下に記すとおりである。

1 文字目は電源と大地との関係、2 文字目は需要家設備の機器の大地との関係を示す。したがって、1 文字目の「T」は電源が系統接地抵抗 R_B（B 種接地）を経て直接接地を示し、2 文字目の「T」は機器が機器接地抵抗 R_D（D 種接地）、または R_C（C 種接地）を経て直接接地される。なお、第3図の「N」は機器が系統接地（電源の接地）と直接接地される。

日本では接地工事の種類と施設方法について、電気設備の技術基準の解釈（以下、電技解釈）の第17条に規定している。また、

第１表　機械器具の使用電圧の区分と接地工事の種類（出典：電気設備の技術基準の解釈 29-1 表）

機械器具の使用電圧の区分		接地工事
低圧	300 V 以下	D 種接地工事
	300 V 超過	C 種接地工事
高圧または特別高圧		A 種接地工事

第２表　接地工事の種類と接地抵抗値（出典：内線規程 1350-1 表）

接地工事の種類	接地抵抗値
A 種接地工事	10 Ω以下
B 種接地工事	変圧器の高圧側または特別高圧側の電路の 1 線地絡電流のアンペア数で 150（変圧器の高圧側の電路または使用電圧が 35 000V 以下の特別高圧側の電路と低圧側の電路との混触により低圧電路の対地電圧が 150V を超えた場合に、1 秒を超え 2 秒以内に自動的に高圧電路または使用電圧が 35 000V 以下の特別高圧電路を遮断する装置を設けるときは 300、1 秒以内に自動的に高圧電路または使用電圧が 35 000V 以下の特別高圧電路を遮断する装置を設けるときは 600）を除した値に等しいΩ数以下。ただし、5 Ω未満であることを要しない
C 種接地工事	10 Ω（低圧電路において当該電路に電流動作形で定格感度電流 100mA 以下、動作時間 0.5 秒以下の漏電遮断器を施設するときは 500 Ω）以下
D 種接地工事	100 Ω（低圧電路において当該電路に電流動作形で定格感度電流 100mA 以下、動作時間 0.5 秒以下の漏電遮断器を施設するときは 500 Ω）以下

機械器具の金属製外箱などの接地については第29条に定めている。**第1表**に機械器具の使用電圧の区分と接地工事の種類を、**第2表**に接地工事の種類と接地抵抗値を示す。

【3】外部雷保護用接地

外部雷保護用接地は落雷による異常電圧、電流の保護用接地である。落雷時には大きなエネルギーが電気機器や建築物、人体に多大な被害を与えるため、雷保護システムによって対策する必要がある。

落雷による異常電圧、電流の侵入経路は、**第4図**にあるように、直撃雷、

第4図　異常電流、電圧の侵入経路

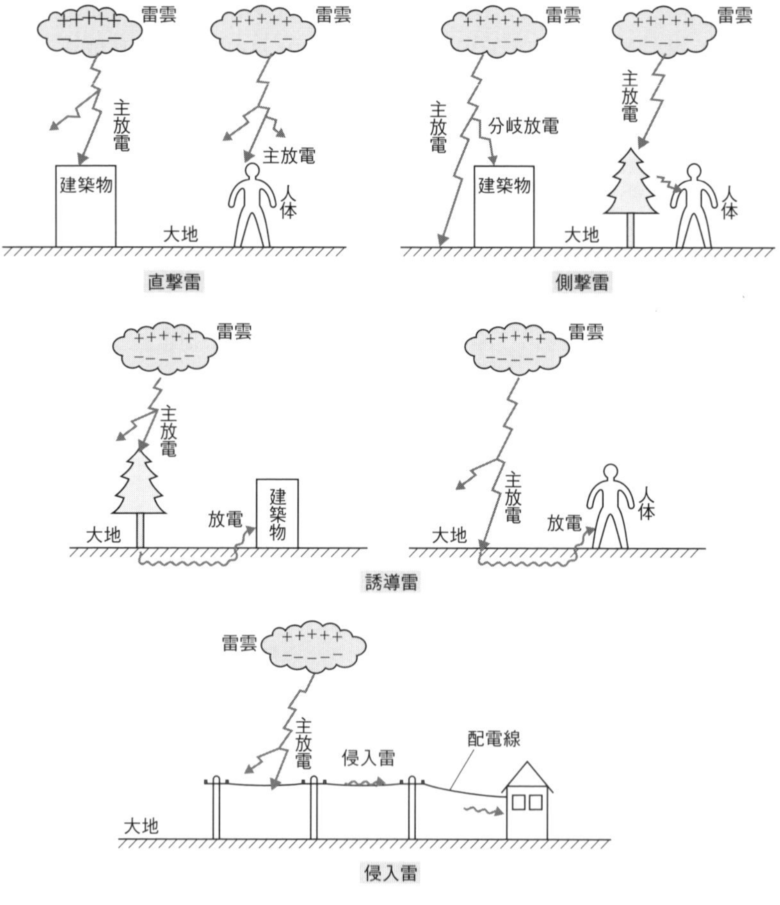

側撃雷、誘導雷、侵入雷などがあり、それぞれの防止策が必要である。

雷保護システムの規定には建築基準法（第33条）に高さ20 mを超える建築物、消防法（危険物の規制に関する政令第9～11条）では指定数量の10倍以上の危険物を取り扱う製造所、屋内貯蔵所、屋外タンク貯蔵所など、火薬類取締法（火薬類取締法施行規則第20、24条）では危険工室や火薬、爆薬の停滞量が100 kgを超える火薬類の一時保管場所などに雷保護システムを設置することが規定されている。

雷保護システムは受雷部（避雷針など）、引き下げ導線、避雷導線、接地極で構成され、建築物の大きさや高さ、雷撃の大きさなどによって対策が必要になる。

①受雷部の保護角は60°以下とする。ただし、被保護物が危険物の貯蔵、または重要文化財などの取り扱いの用途によって、保護角は45°以下にする。

②引き下げ導線は被保護物の水平面積が50 m^2以下の場合は1条、50 m^2を超える場合は2条以上とする。

③避雷導線は電灯線、電話線、ガス管から1.5 m以上離す。避雷導線から1.5 m以内に接近する電線管、雨どい、鉄管などの金属体は接地する。

④接地極は地下0.5 m以上の深さに埋設する。

・各引き下げ導線の単独接地抵抗は50Ω以下

・避雷設備の総合接地抵抗は10Ω以下

・接地極は各引き下げ導線に1個以上接続

これらの雷撃を保護するための受雷部の配置方法として、保護角法、回転球体法、メッシュ法などがある（**第5図**）。また、受雷部の配置は雷に対する保護レベルの違いによって保護範囲も異なってくる。なお、雷保護装置を選択するときに、**第3表**のような夏季雷と冬季雷の特性比較を参考にすることを推奨している。

【4】接地抵抗と接地工事

接地工事は大地に接地極を埋設し、第2表に示すような接地抵抗値を得ることにある。また、接地抵抗は大地の抵抗率に大きく左右されることから、土壌の種類や含まれる水分量などを検討し、接地極の埋設量を決めることが必要となる。

第4表に土の種類と抵抗率を、**第5表**に土壌の抵抗率に対する水分の影響例を示す。また、岩石に含まれる水分による抵抗率の変化を**第6図**に、

第５図　受雷部の配置法

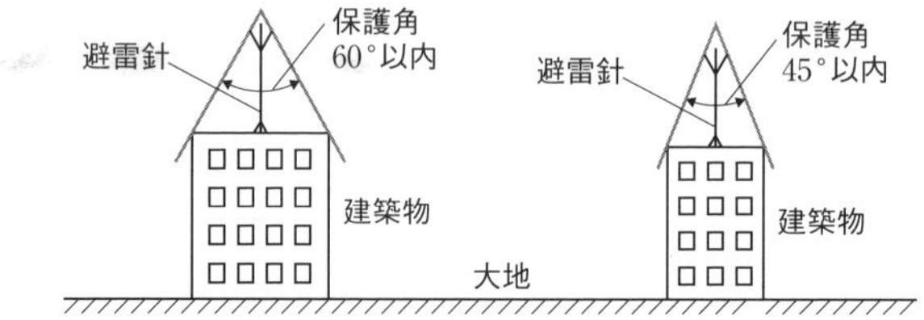

保護角 60°、45°の場合

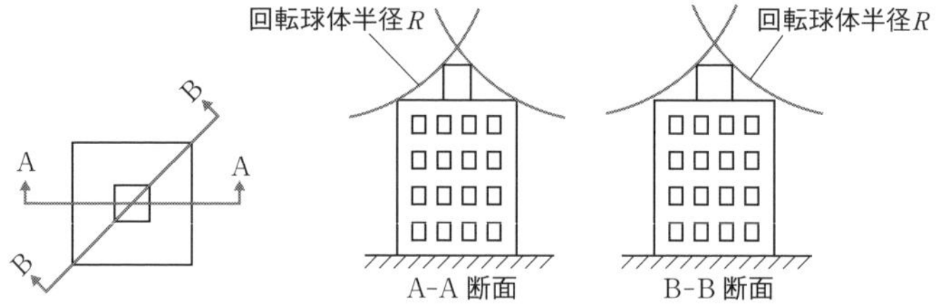

回転球体法の場合

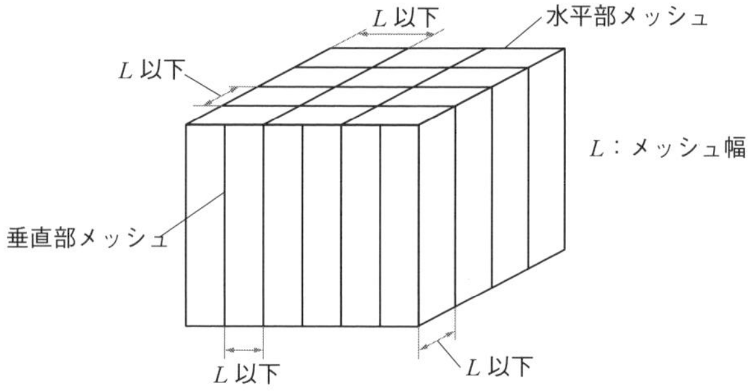

メッシュ法の場合

第３表　夏季雷と冬季雷の特性比較

（出典：内線規程 1-3-16 表 2）

項目	単位	夏季雷	冬季雷
雷電流波高値	kA	～[24]～	＜2～[24]～150＜
雷電流波頭長	μ sec	＜1～[2]～30	0.1～[32]～10^4
雷電流波尾長	μ sec	～[40]～250	1～[50]～10^4

注：a～［b］～cとは、a～cの範囲で[b]が代表値

土壌の温度と抵抗率の関係を**第6表**、抵抗率による大地の分類を**第7表**、接地抵抗の季節変動を**第7図**にそれぞれ示す。なお、第7図から夏季と冬季では同じ接地極でも接地抵抗が異なることに注意したい。

第4表　土の種類と抵抗率（出典：電気工学ハンドブック）

土の種類	抵抗率〔Ω・m〕
沼沢地および泥地	80〜200
粘土質砂地	150〜300
砂地	250〜500
砂岩および岩盤地帯	10000〜100000

第5表　土壌の抵抗率に対する水分の影響例

土の含む水分（乾燥した土の重量に対する〔%〕）	砂まじりの土壌の抵抗率〔Ω・m〕
2	1800
4	600
6	380
8	290
10	220
12	170
16	130
20	90
24	70
28	60

第6表　土壌の温度と抵抗率の関係

温度	大地抵抗率〔Ω・m〕	比率
20℃	72	1.0
10℃	99	1.4
0℃	130	1.9
0℃（凍結）	300	4.2
−5℃	790	10.9
−15℃	3300	45.9

第7表　抵抗率による大地の分類

分類	抵抗率 ρ〔Ω・m〕の範囲	特徴
低抵抗率地帯	$\rho < 100$	常に土壌のなかに十分水が含まれている河口や海沿いの低地
中抵抗率地帯	$100 \leqq \rho < 1000$	地下水を得るのにさほど困難を感じないような内陸の平野部
高抵抗率地帯	$1000 < \rho$	水はけのいい丘陵地帯、山ろく、高原

第6図　岩石に含まれる水分による抵抗率の変化

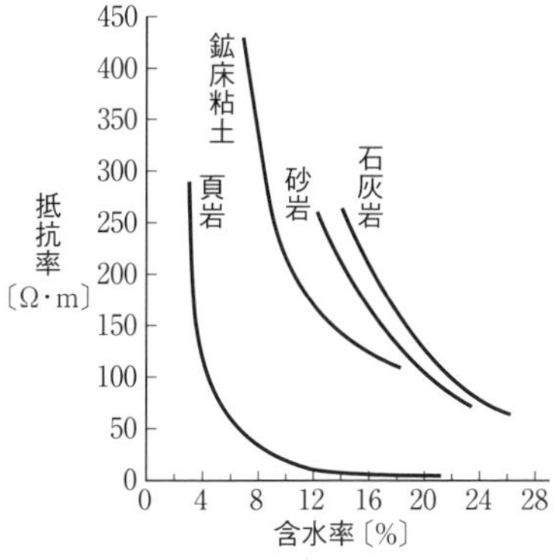

第7図　接地抵抗の季節変動の状況

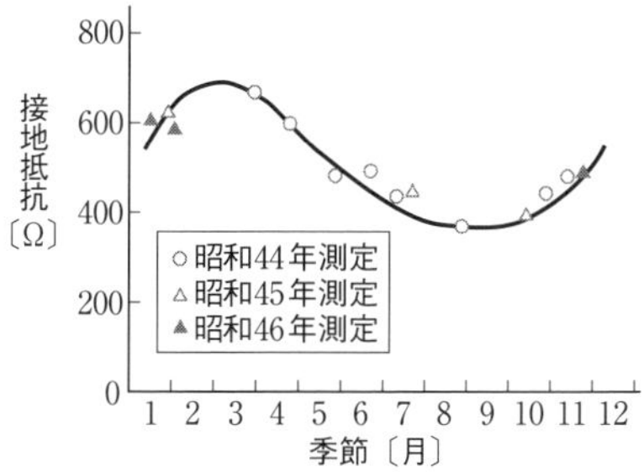

漏れ電流と植物育成の関係

近年、オフィス業務のデジタル化や工場の生産ラインのオートメーション化、ネットワーク網の拡大など電気の使用量が急増している。さらには24時間、365日の安定供給のために電気設備の大型化および多機能化も進み、太陽光発電や風力発電などの再生可能エネルギーも各地で普及し、当然ながら系統連系のために受電設備が設置されている。

これらの電気設備は「機器の保護」という観点から接地が必要である。しかし、絶縁抵抗が正常であっても、機器の運転時には負荷機器から接地線や金属ケースを通して電流が流れ、これが接地極に集まって地中へ流れ出ている。この地中に「漏れ」ている電流（漏れ電流）による環境への影響が議論されているが、再生可能エネルギーに設置されている発電設備からの漏れ電流の直流成分と同様に、いまだ明確化されていない。

そこで、漏れ電流の環境に対する影響を推定するため、電流と植物の発芽、成長の関係について研究結果からレポートしてみたい。

実験装置および実験方法

【1】種子の選定

本実験では、発芽や成長の観察実験の対象試料として、かいわれ大根を使用。これは成長期間が7～15日と早く、成長適性温度が15～30℃と広範囲で、1年を通して栽培が容易であることが挙げられる。また、種子に含まれる養分で成長するため、栽培する場合、環境の変化による影響を受けにくいこともある。

ほかの種子として二十日大根、小松菜、葉大根を検討したが、成長期間がかいわれ大根と比べて長いため、観察期間を考慮してかいわれ大根とした。

【2】生育環境

直流電流による種子の発芽成長を調べるため、直径90 mm、深さ19 mmのシャーレに無機塩、糖、ビタミン類と寒天を純水に溶かして固めた植物組織培養用に使われるムラシゲスクーグ培地（MS培地）を使用した。

次に、交流電流による種子の発芽、成長を調べるために、無機塩、糖、ビタミン類を純水で溶かした水溶液に導電材を浸し、混入したウレタンスポンジ材のマットを培地として使用した（導電マットMS培地）。

なお、予備実験でMS培地を使用して交流電流300 mAで実験を行った結果、電流値が高いため培地内に発熱があり、水分の蒸発が大きく、MS培地が乾燥して実験継続に問題があるとして、300 mAの通電電流では行わないこととした。

通電方法は、この両方の培地に幅60 mm、高さ30 mm、厚さ5 mmの炭素板を50 mm離れた位置に平行に立て、電流が培地全体に流れるような構造とした(**第8図**)。

電極を入れたシャーレを**第9図**のような植物育成装置に入れて実験を行った。同装置は40 Wの白色蛍光灯が全周に配置され、蛍光灯の点灯時には装置内部の照度が平均2 000 lxになる。消灯時には装置に外部から光が入らないように全周が薄い板で囲まれている。なお、点灯と消灯は15分間隔で制御できる。

装置内の設定温度は4～40 ℃で、1 ℃単位で調整が可能。なお、培地の乾燥を防ぐため、水を張ったバットを入れている。

【3】実験方法

それぞれの培地（直流はMS培地、交流は導電マットMS培地）の上に、エチルアルコールで表面を軽く拭いてカビの胞子などの付着がない状態にした20個程度の種子を電極間に等間隔に並べ、比較実験を行う条件数（設定する電流値の個数のシャーレ)だけ装置内に入れた。

装置内の温度は20 ℃に設定し、蛍光灯の照射時間は1日12時間に制御。温度は各棚で熱電対により測定し、データをPCで取り込み、装置の環境が変化しないように常に調整した。その結果、各棚の温度は20 ± 1 ℃の範

第8図　シャーレと電極の構造

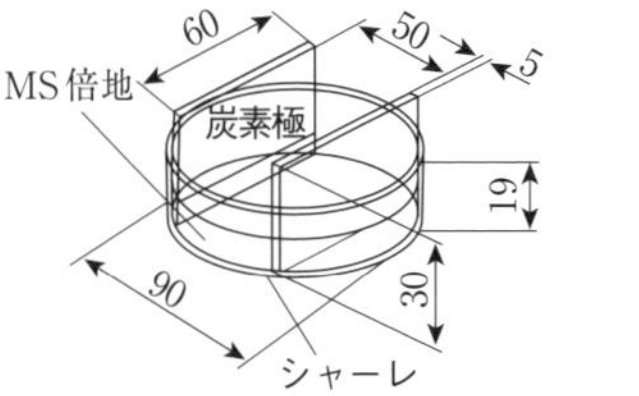

電極に銅板を使用した場合、直流電流では電食が起こり、発芽に影響があることから炭素板とした。

第9図　植物育成装置の構造

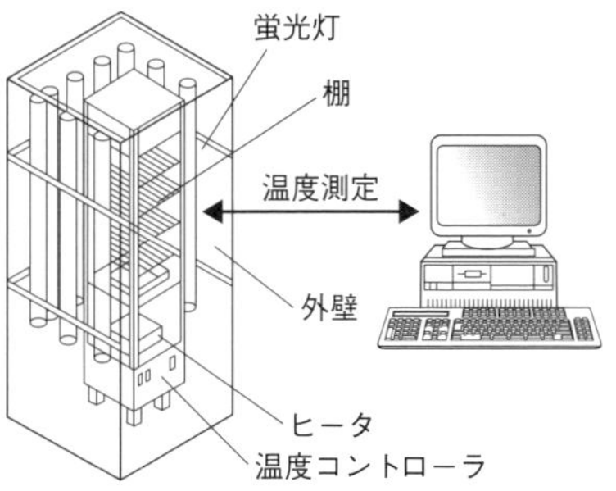

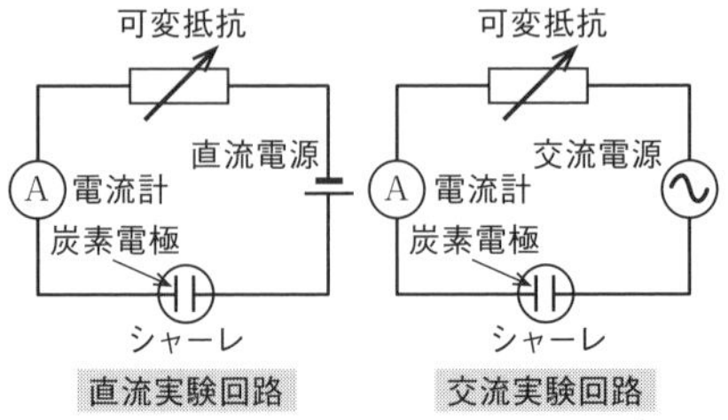

第 10 図　実験回路

囲内を保つことができた。

実験回路を**第 10 図**に示す。それぞれ回路中に直流電流計、交流電流計を入れて可変抵抗器で電流値を調整した。

それぞれの通電電流値は発芽の予備実験で設定。交流電流は 50、100、150、200、250 mA で常時通電。一方、直流電流は 1、2、3 mA に設定し、常時通電を行ったものと、72 時間、96 時間の通電を行ったあと、装置内で育成させたものの 3 通りで実験した。

実験期間は最大 10 日目として、通電しなかった種子（0 mA）の 9 割以上が発芽し、成長したと判断できた。また、同様の実験を 2 回繰り返し、同じ傾向かあるかの確認も行った。

発芽の判断は種子に少しでも「割れ」を生じた場合は発芽とみなした。かいわれ大根の種子が水分を含み、表皮を破った状態のものも発芽と判断したため、水分吸収量の個体差による表皮の割れも「発芽」に含まれる。また、発芽後の成長は電流による影響が出るケースもあるので観察を続けた。

実験結果および考察

【1】交流電流の常時通電

10 日間の交流電流を通電した場合の発芽状況について、**第 11 図**に電流値を変化させたときの経過日数と発芽率を示す。縦軸は発芽率（発芽したかいわれ大根の種子を、シャーレ上に置いた種子の個数で割ったものの百分率）、横軸は日数を表している。

原点は種子を培地に置いた日とした。したがって、発芽率は 0 % である。

0、50、100、150 mA を通電した種子は、すべての電流値で 3 日目より発芽が始まり、それぞれ発芽率は 55 %、30 %、15 % となった。

一方、200 mA と 250 mA の発芽率は 0 % であった。

3日目以降の発芽率は、0、50、100 mA の場合は7日目までに95％に達したが、150 mA では40％まで。200 mA の種子は4日目で発芽率が5％になったが、以降は10日目でも発芽率の上昇は確認できなかった。また、250 mA の通電を行った種子は発芽しなかった。

第12図に発芽率の変動がなくなった7日目までの電流値と発芽率の関係を示す。100 mA までは発芽率は緩やかに下がっているが、これを超えると急激に低下したことがわかる。

写真1は8日目の交流の最小電流50 mA を常時通電したときの成長状態である。大きな白色の部分は種子が割れ、双葉に変わろうとしているところで、白くて細長い部分が根である。**写真2**は200 mA の通電を行った8日目の種子の成長で、一部に1 mm ほどの根が出ている。

このような結果は、同じ条件下で行った2回目の実験でも同様の傾向を示した。

以上より、交流電流を流した場合、種子の発芽、成長に影響が出ることがわかる。また、電流値は大きくても発芽、成長の影響は少ない。

【2】直流電流による連続通電時の結果と考察

直流電流を10日間通電した結果を**第13図**に示す。前述のように、原点

第11図　交流電流値別の経過日数と発芽率

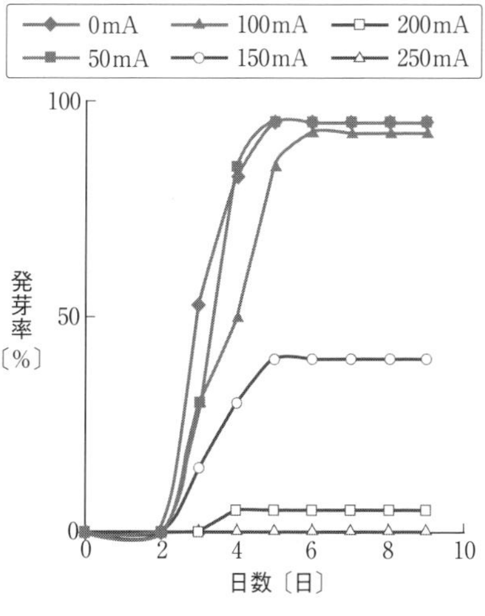

第12図　7日目までの交流電流値と発芽率

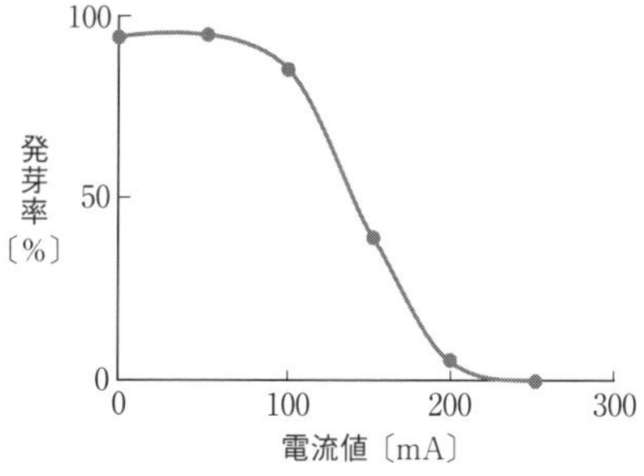

写真 1　交流電流を流したときの成長状況(50mA)

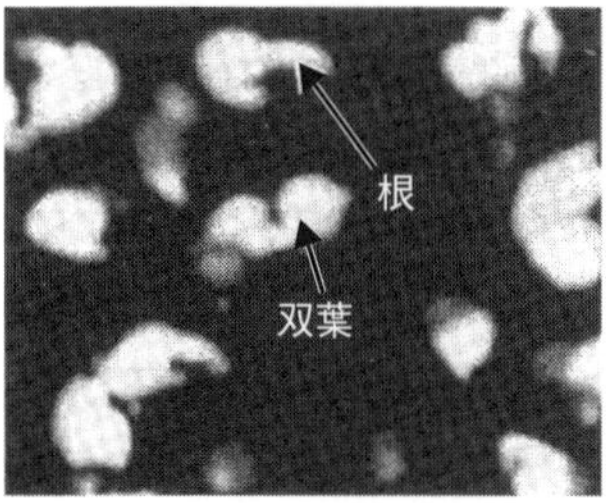

写真 2　交流電流を流したときの成長状況(200mA)

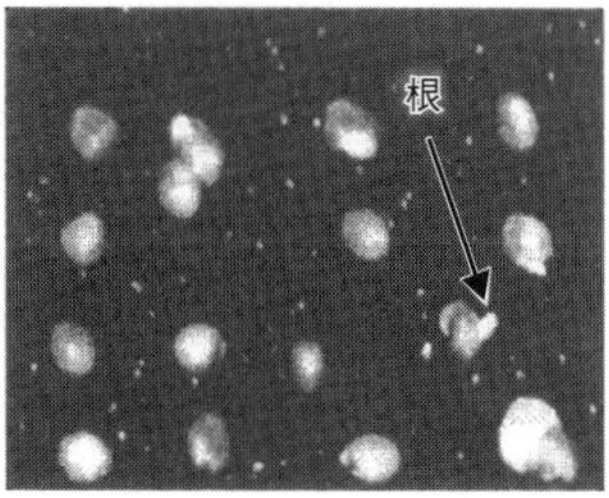

は種子を MS 培地に置いた日であり、発芽率はすべて 0 % となった。

MS 培地に置かれた種子は、すべて 2 日目以降に発芽が始まる。2 日目には電流 0 mA では 45 % 発芽し、1 mA では 40 %、2 mA では 30 %、3 mA では 10 % となった。3 mA を流した種子は 4 日目には発芽率が 20 % となったが、以降、発芽率の上昇は確認できなかった。

また、2 mA を流した種子は 2 日目の 30 % で発芽率の上昇はストップし、1 mA では 7 日目で 55 % に達したが、以降の発芽率の上昇は止まってしまう。0 mA では 2 日目以降も発芽率は上昇し、6 日目に 100 % に達した。

第 14 図に、発芽率の変化が少なくなった 6 日目の通電電流と発芽率の関係を示す。電流値の上昇にしたがって発芽率は下がっていることがわかる。また、3 mA の直流電流を流したときの 8 日目の状態を**写真 3** に示す。ほとんど種子の成長が確認できないことがわかる。

一方、発芽した種子の 10 日目の生育状態が**写真 4** である(左から 0、1、2、3 mA)。0 mA の場合は順調に成長し、双葉が開いた状態となっている。1 mA のときは根のようなものが 5 mm ほど出るまで成長し、2 mA のときは根が 3 mm 程度、3 mA のときは種子が割れて、その状態で止まっている。

それぞれの成長の詳細については割愛するが、1 mA の場合は、発芽した 2 日目以降の成長は 0 mA に比べて遅く、2 mA の場合は 2 日目に発芽して 4 日目まで成長したが、以降は何も確認できなかった。さらに、3 mA の場合は 2 日目に発芽して以降、成長はなかった。

成長を含めた形で実験結果を評価すると、直流電流が 1 mA 以上の電流が流れると種子の発芽、成長に影響を及ぼした。また、電流が大きくなるにつれて発芽率が減少し、成長速度についても電流値が大きくなるにつれて遅くなった。

第 13 図　直流電流値別の経過日数と発芽率

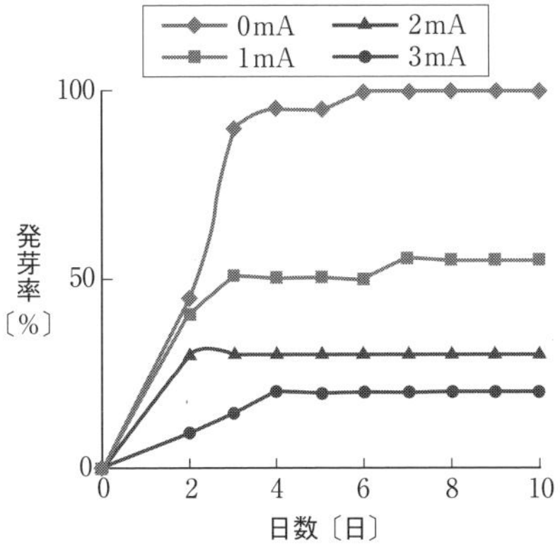

第 14 図　6 日目の直流電流値と発芽率

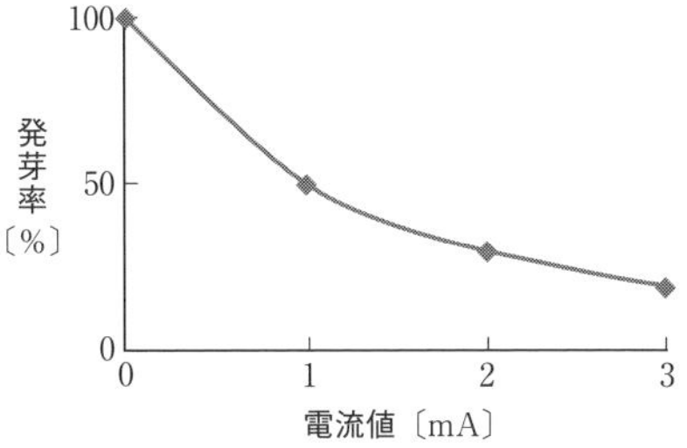

写真 3　直流電流を流したときの成長状況（3mA）

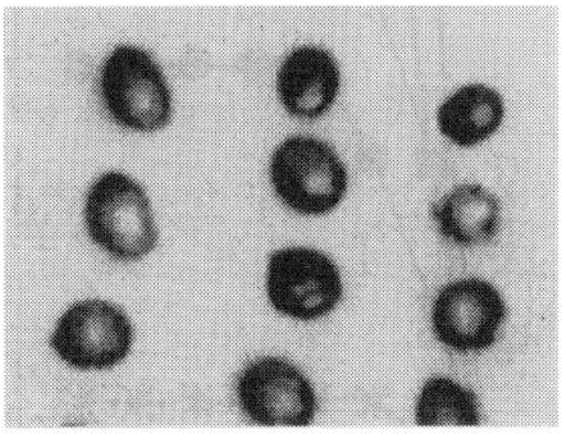

写真 4　直流電流を通電した 10 日目の成長状況

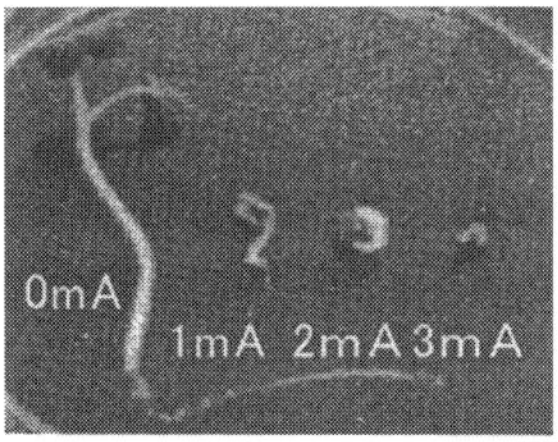

【3】直流電流の通電時間による実験結果と考察

次に、直流電流を 72 時間、96 時間通電し、停止したあとの発芽の成長について、**第 15 図**と**第 16 図**に発芽率を示す(原点は同様に 0％)。

72 時間の場合、2 日目から発芽が始まり、1 mA では 45％、2 mA では 30％、3 mA では 5％となった。7 日目の発芽率は 1 mA が 70％、2 mA が 50％、3 mA では 20％に達したが、それ以降、発芽率は上昇しなかった。

同様に 96 時間でも 2 日目から発芽を始め、1 mA が 55％、2 mA が 45％、3 mA が 20％となった。発芽率は 3 日目まで伸び、1 mA では 60％、2 mA では 50％、3 mA では 20％に達したが、以降は上昇しなかった。

第 17 図は、常時通電した場合と 72 時間、96 時間の発芽率を、変動がなくなった 7 日目の結果で比較したグラフである。1 mA と 2 mA では 72 時間、96 時間、常時通電のすべてで発芽率が下がっている。3 mA では、72 時間と 96 時間では同様の傾向を示している。

第 15 図　72 時間通電時の発芽率

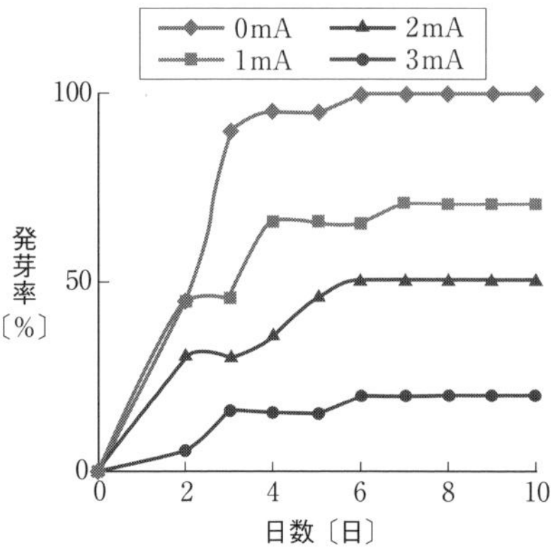

第 16 図　96 時間通電時の発芽率

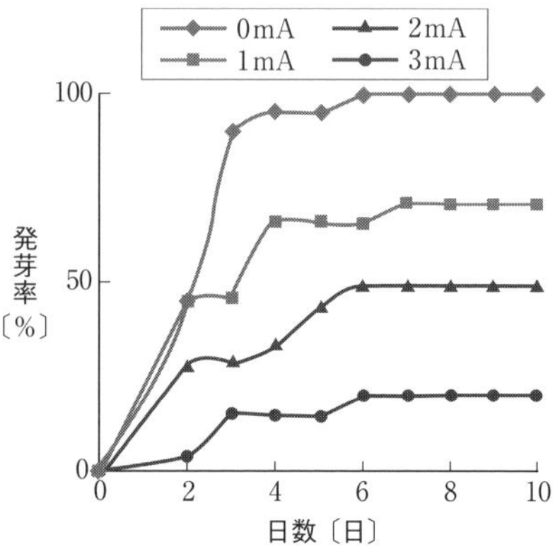

写真 5 ～ 7 に、それぞれ 1 mA、2 mA、3 mA の 72 時間通電の 10 日目の成長状態を示す。

1 mA では陰極側の種子はすべて発芽して双葉が出るまで成長し、陽極側もすべて根の部分が 5 mm 程度まで成長していた。しかし、2 mA の場合は陰極側に双葉が出るまで成長している種子は 1 個のみで、ほかに根の部分が 2 mm 程度まで成長している種子は 4 個のみとなった。それ以外は発芽と判断しても、ほとんど成長がみられない状態だった。

一方、陽極側も発芽して 2 mm ほど根の部分が出ている種子は 1 個のみで、ほとんどが成長していない。さらに、3 mA の場合は陰極、陽極ともに発芽して成長している種子は確認できなかった。

1 mA の通電を 72 時間行った写真 5 と、通電を行わなかった写真 4 を比較すると、電流を流さなかったほうが成長状態は進んでいると判断できる。

以上のことより、直流電流を 1 mA でも通電すると、かいわれ大根の種子の発芽、成長ともに影響が出ている。しかし、発芽後の成長については、通電を停止した場合は陰極側が 10 個とも発芽、成長したが、陽極側は常時通電した場合と同様に根の長さは 5 mm と変わらない。

これらの現象は植物の発芽や成長に必要な養分（窒素、リン酸、カリウムなど）が電気泳動の影響を受けたものと考えられる。

接地極から流れる漏れ電流を想定し、交流電流と直流電流による植物の発芽、成長の検討を行った結果、交流電流と直流電流を流した場合の発芽、

第 17 図　通電時間による発芽率

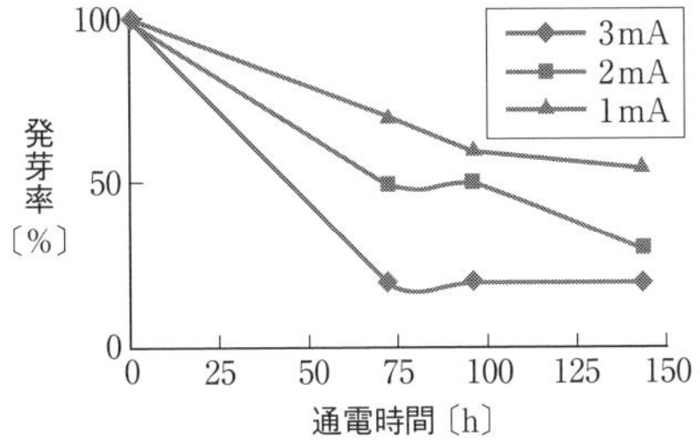

写真 5　1mA を 72 時間通電した 10 日目の状況

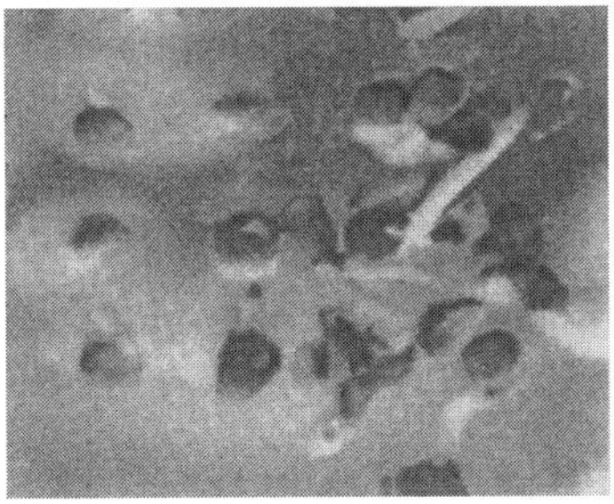

写真 6　2mA を 72 時間通電した 10 日目の状況

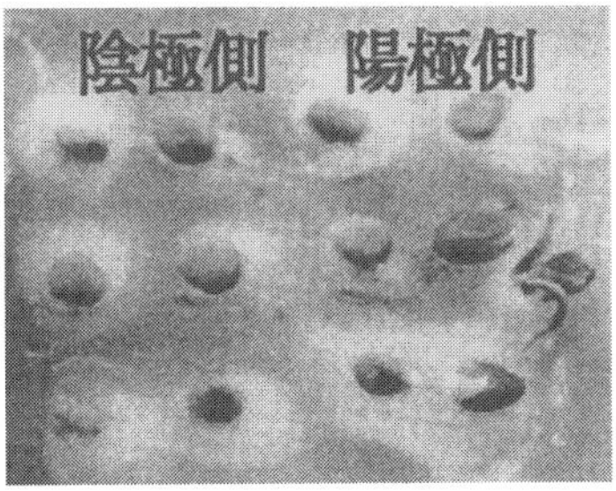

写真 7　3mA を 72 時間通電した 10 日目の状況

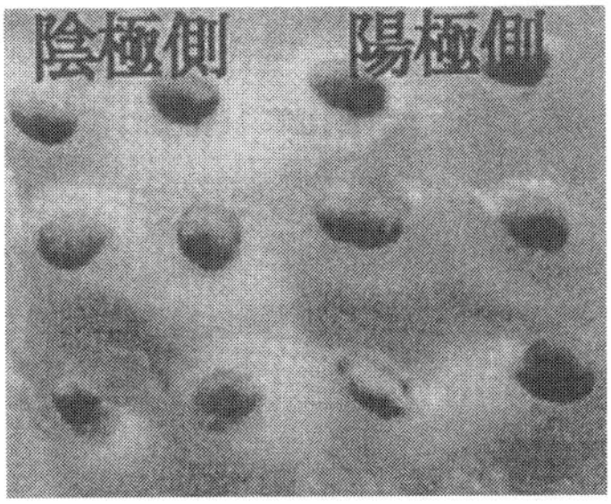

成長は次のような傾向があった。

・交流電流では 250 mA で発芽しなくなり、直流電流では 3 mA で発芽しなくなる。したがって、直流電源、交流電源の違いにより発芽に与える影響に差異がある。

・直流、交流ともに電流値が高くなるにつれて発芽率が減少する。したがって、直流、交流ともに培地に流れる電流量が発芽に影響を及ぼす。

・直流電流は通電時間が長くなるにつれて発芽率に影響を及ぼす。

・直流電流は陰極側の種子に比べ、陽極側の種子のほうが成長しにくいといえる。したがって、直流電流は陰極側と陽極側での影響が異なる。

本実験においては電流のみの影響を調べたが、直流電流が接地極から流れ出る場合、接地極のイオン化による影響も出ることが判明している。

08 感電事故と閃絡感電事故

感電事故の基礎知識

感電事故の発生要因には、直接感電事故と間接感電事故、閃絡感電事故に分類することができる。感電とは、人体に電流が流れ、心臓の働きの波形(心電図)に乱れが生じたときの状態を指している。

・直接感電事故

人体の一部が充電部に直接触れて人体に電流が流れたときの事故であり、大量に流れた場合、感電死に至る。

・間接感電事故

充電部を保護していた絶縁部が経年劣化や環境汚染などによって漏電し、その漏れ電流が人体に流れたときの事故である。

・閃絡感電事故

特別高圧や高圧の充電部に接近し、閃絡（放電）によって電撃を受ける事故である。

接触電圧

感電時に人体に加わる電圧を接触電圧といい、絶縁不良で漏電している電気機器に人体が触れたとき、人体に流れる電流の経路を**第１図**に、等価回路を**第２図**に示す。

人体に流れる電流は電気機器に接続された接地抵抗 R_d〔Ω〕と人体抵抗 R_m〔Ω〕に大きく左右される。なお、この「人体抵抗」とは接触した手のひらから足に至る間の抵抗を指す。以下に人体に加わる接触電圧を求める計算例を示す。

$I_1 = I_2 + I_3$ ……(1)

ただし、I_1：R_b に流れる電流〔A〕

I_2：R_d に流れる電流〔A〕

I_3：R_m に流れる電流〔A〕

第2図の合成抵抗 R〔Ω〕は(2)式で求められる。

$$R = R_b + \frac{R_d \times R_m}{R_d + R_m} \text{〔Ω〕} \quad \cdots\cdots(2)$$

$$I_1 = \frac{100(R_d + R_m)}{R_b \times R_d + R_b \times R_m + R_d \times R_m} \text{〔A〕}$$

$$I_2 = \frac{100\,R_m}{R_b \times R_d + R_b \times R_m + R_d \times R_m} \text{〔A〕}$$

$$I_3 = \frac{100\,R_d}{R_b \times R_d + R_b \times R_m + R_d \times R_m} \text{〔A〕}$$

第1図　間接感電事故による電流経路と接触電圧

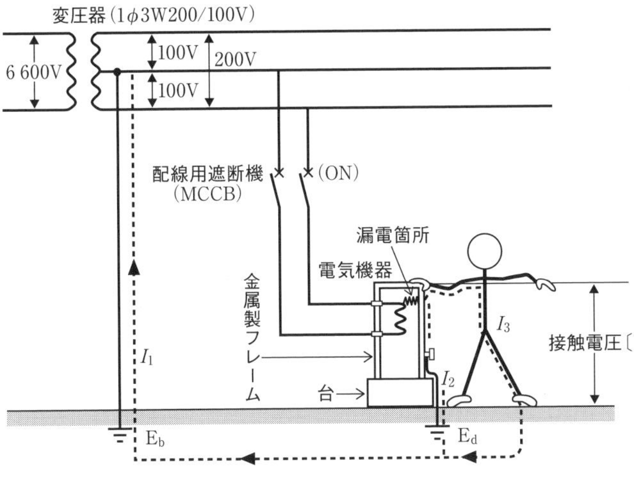

第2図　等価回路

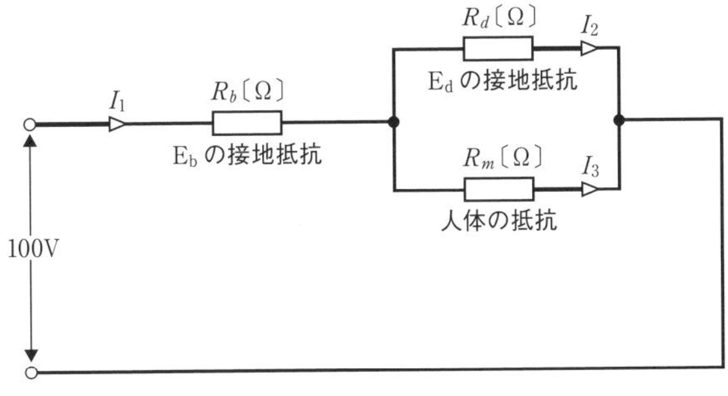

ただし、R_b は接地工事の接地抵抗値〔Ω〕

R_d は電気機器の接地抵抗値〔Ω〕

R_m は人体抵抗値〔Ω〕

したがって、第2図の人体に加わる接触電圧 V は以下となる。

$$V = R_m \times I_3$$

$$= \frac{100\,R_d \times R_m}{R_b \times R_d + R_b \times R_m + R_d \times R_m} \text{〔V〕}$$

定格電圧が60 V を超え、300 V 以下の電気機器の金属製外箱（金属製フレーム）には、原則として接地工事を施工することが規定されている。ただし、電気機器の設置場所、施設方法によっては省略することができる。例えば、家電製品などの二重絶縁で充電部を絶縁している場合などがある。なお、これらについては電技や電気用品安全法の確認が必要である。

第1表に、感電時に人体に流れた電流と人体に与える影響について示す。また、**第3図**に手から足の間の通過電流と通過時間による人体反応について示す。IEC が1974年に「人体を通過する電流の影響」のなかで「人体の通過電流と通過時間による人体の反応」として発表されたものである。

第1表　人体に流れた電流と人体に与える影響

状況	電圧の種別と電流値〔mA〕			
	DC	AC 60 Hz	10 KHz	
・最小感知電流(※1)	4〜5	1.0	10〜12	可随電流(※3)
・苦痛を伴わないショック（筋肉の自由が利く）	10	1.8〜2.0	15〜20	可随電流(※3)
・苦痛を伴うショック（筋肉の自由が利く）	40〜50	10	40〜50	可随電流(※3)
・苦痛を伴うショック（離脱限界電流）(※2)	60	16	60	可随電流(※3)
・苦痛を伴う激しいショック	90	23	94	不随電流(※4)
・心室細動	500	100	500	不随電流(※4)
・心室細動が確実に発生する	上記電流の2.75倍			不随電流(※4)

※1：人体に電流が流れたことを感知できる最小値
※2：自分の意思で充電部から離れることのできる限界値
※3：自分の意思で充電部から離れることのできる領域
※4：自分の意思では充電部から離れることのできない領域

第3図　人体の通過電流と通過時間による人体反応

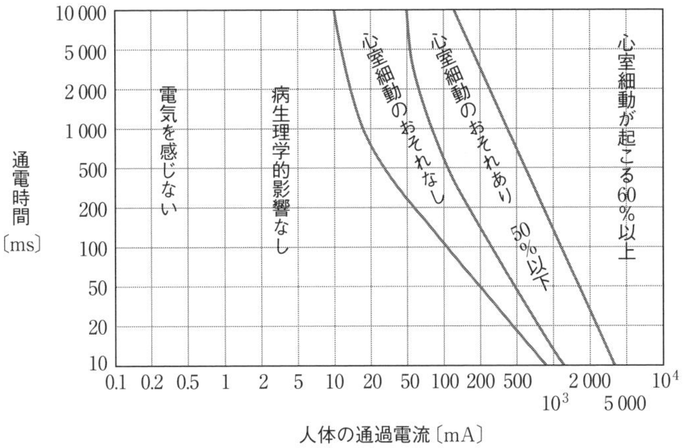

感電と通過電流による影響

感電時の人体に流れる経路や、流れた電流量と時間によって人体に与える影響は大きく異なる。例えば、心臓や脳の中枢に電流が流れた場合は最も危険な状態となる。心臓に数十 mA の電流が流れると感電死につながり、脳の中枢に流れた場合、脳の機能が完全にマヒしてしまう。

ここでは、感電時に人体へ流れた通過電流と電気設備の絶縁強度について解説する。

①最小感知電流

人体に外部から電圧が加わり、感電したと感知できる最小の電流値を最小感知電流という（1 mA）。

最小感知電流は電気機器や電気設備の絶縁強度を決める重要な値である。例えば、電技解釈の第 14 条 1 項に「使用電圧が低圧の電路にあって、絶縁抵抗測定が困難な場合には、省令（電気設備に関する技術基準を定める省令）の第 58 条に掲げる表の左欄に掲げる電路の使用電圧の区分に応じ、それぞれ漏えい電流を 1 mA 以下に保つこと」と定められている。

「電路の絶縁抵抗値が対地電圧 150 V 以下では 0.1 MΩ以下」とは、対地電圧 150 V 以下で一般に使用されている標準電圧は 100 V であり、したがって、以下のようになる。

$$I=\frac{100\ \mathrm{V}}{0.1\ \mathrm{M\Omega}}=0.001\ \mathrm{A}=1\ \mathrm{mA}$$

対地電圧 150 V を超え、300 V 以下の標準電圧は 200 V であり、以下のようになる。

$$I=\frac{200\ \mathrm{V}}{0.2\ \mathrm{M\Omega}}=0.001\ \mathrm{A}=1\ \mathrm{mA}$$

対地電圧 300 V を超え、600 V 以下の標準電圧は 400 V であり、以下のようになる。

$$I=\frac{400\ \mathrm{V}}{0.4\ \mathrm{M\Omega}}=0.001\ \mathrm{A}=1\ \mathrm{mA}$$

上記の意味するところは、人体が最小感知できる電流が漏えいしていた場合、電路や電気機器では絶縁不良を起こしていることになるため、これらの改修が必要になるということだ。

②離脱限界電流

離脱限界電流とは、感電時に自分の意思で充電部から離れることのできる限界の電流といわれている。一般に、離脱限界電流は 16 mA 以下とされている。なお、自分の意思で充電部から離れることのできない状態は、充電部に触れたことによって身体の筋肉が硬直した状態といわれている。

高感度、高速度型の漏電遮断器には「定格感度電流 30 mA、動作時間 0.1 s 以内、不動作電流 15 mA」と記されている。すなわち、15 mA までは感電時に自分の意思で充電部から離脱可能な電流値と推定される。

③心室細動

心室細動とは、心臓の筋肉（心筋）がけいれんを起こし、体内に血液を送る機能がマヒをして感電死につながる極めて危険な状態である。

④可随電流

可随電流とは、感電時に充電部から自分の意思で離脱可能な電流である。したがって、離脱限界電流（16 mA）未満の電流といえる。

⑤不随電流

不随電流とは、感電時に充電部から自分の意思で離脱できない電流を指す。つまり、離脱限界電流である 16 mA 以上の電流といえる。心室細動の発生時は不随電流が人体に流れた状態である。

感電によって生じる障害の程度を**第 2 表**に示す。

第２表　感電によって生じる障害

感知電流以上になると苦痛や不快感を受ける
電流が流れた部分が火傷する。電流が大きくなると通電部分の生体組織が破壊され、その部分の切断に至る場合がある
電撃などによって、作業時などでは転倒や落下による二次災害の発生につながる
筋肉の硬直などによって呼吸器系に障害が生じ、窒息死に至る場合がある
脳の中枢部に電流が流れた場合、脳死などの障害に至る場合がある
心臓部に大きな電流が流れた場合は心室細動が起こり、死に至る場合がある

感電事故防止策

感電事故を防止するためには、作業時のヒューマンエラーにつながる要因の除去はもちろん、作業内容を十分に理解し、知識と技術を持って対応しなければならない。ここでは、それぞれの事故に対する防止策を解説する。

【１】直接感電事故の防止策

直接感電事故は充電部に直接触れることによって起こる災害であることから、事故の多くは電気工事や保安管理といった作業中に発生している。したがって、低圧、高圧にかかわらず、作業の基本は活線（充電状態）を避けて行うことが重要である。

しかし、今日の高度情報化社会においては電源を遮断することが困難な場合が多いことから、活線作業を避けることができないケースがある。このような状況を考慮し、労働安全衛生規則などで厳しく規定されている。

①低圧活線作業の対策

「低圧（AC600 V 以下）の充電電路に近接する場所で電気工事を行う場合、作業者が感電のおそれがあるときは充電路に絶縁用防具を装着しなければならない」（労働安全衛生規則第 347 条）

「低圧の充電部路を取り扱う作業を行う場合、作業者が感電の危険を生じるおそれがあるときは作業者に絶縁用保護具を着用させるか、活線用作業器具を使用しなければならない」（労働安全衛生規則第 346 条）

・絶縁用保護具には電気用ゴム手袋、電気用ゴム長靴などがある。

・絶縁用防具にはゴムシート、ゴム絶縁管、ゴムカバーなどがある。

・活線作業用器具とは、絶縁の施された作業用器具のことである。

・活線作業用装置とは、大地と絶縁される活線用作業車や活線用絶縁台などを指す。

②高圧活線作業の対策

a)高圧充電路への近接作業

「高圧の充電路に近接する場所で電気工事を行う場合、作業者が高圧充電路に接触し、または充電電路に対して頭上距離では 30 cm 以内、躯側距離もしくは足下距離では 60 cm 以内に接近して感電するおそれがあるときは、当該充電路に絶縁用防具を装着しなければならない(**第４図**)」(労働安全衛生規則第 342 条)

b)高圧活線作業

「高圧の充電路を取り扱う作業を行う場合、作業者が感電の危険を生じるおそれがあるときは、次のいずれかの措置を講じなければならない」(労働安全衛生規則第 341 条)

・作業者に絶縁用保護具を装着させ、感電の危険が生じるものに絶縁用防具を装着させる。
・作業者に活線作業用器具を使用させる。
・作業者に活線作業用装置を使用させる。なお、作業者が取り扱っている充電路と電位が異なるものに、作業者の身体が接触、または接近して感

第４図　高圧活線接近作業の距離

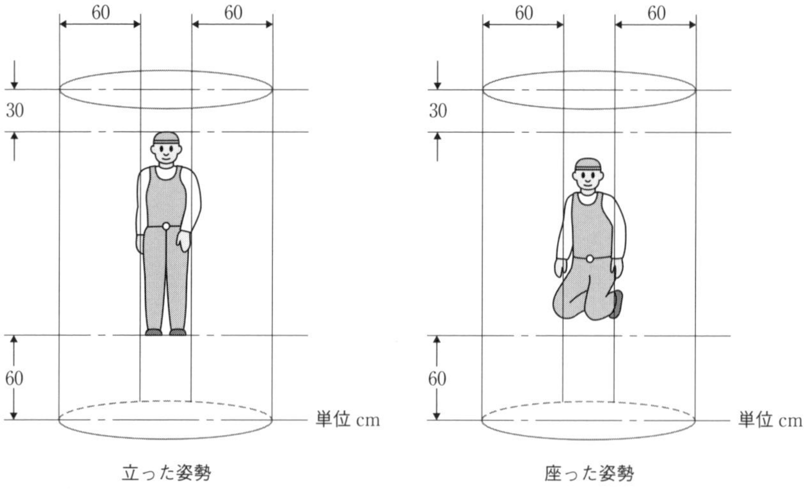

電の危険性を生じさせてはならない。

c)停電作業

停電作業を行うときは、当該電路を開路したあとに以下の措置を講じなければならない。

・停電作業中、開路した開閉器の施錠、通電禁止についての必要事項の表示、もしくは監視者を配置する。

・開路した電路で残留電荷の危険が生じる場合は、安全な方法により当該残留電荷を確実に放電させる。

・開路した電路が高圧の場合、検電器具で停電を確認し、誤通電、混触や誘導による感電を防止するため、短絡接地器具を用いて確実に短絡接地する。なお、停電の作業中または作業後に開路した電路に通電するときは、通電前に作業者に対して感電のおそれがないこと、および、短絡接地器具を取り外したことを確認しなければならない。

d)電気機械器具の囲いなど

作業者が作業中や通行の際、電気機械器具の充電部分に接触、近接することにより感電が生じるおそれのあるものについては、感電を防止するための囲いや絶縁覆いを設けなければならない。なお、囲いや絶縁覆いは毎月1回以上、損傷の有無を確認することが必要である。

【2】間接感電事故の防止策

間接感電事故とは、電気機器や絶縁電線などが環境汚染、経年劣化によって絶縁低下（絶縁不良）を起こし、漏電した電気機器に接触することで発生する事故である。

したがって、漏電とは電路以外の一部を通じて電流が流れる現象でもある。これによって起こる災害には感電事故はもちろん、漏電火災や電気機器の損傷にもつながることから、電気機器や高圧ケーブルは耐用年数が定められていることに留意し、保安管理を行うことが重要となる。

①漏電による感電事故防止策

電技解釈の第36条に「金属製外箱を有する使用電圧が60Vを超える低圧の機械器具であって、人が容易に触れるおそれがある場所に施設するものに電気を供給する電路には、電路に地絡を生じたときに自動的に電路を遮断する装置を設けること」とあり、原則的には感電防止策として漏電遮断器の設置が必要である。

日本の低圧電路は系統接地と機器接地が分離しているTT系統接地方式を採用している。この方式は雷サージ電圧や変圧器内の混触事故（高圧部と低圧部の接触）による異常電圧を抑制する目的がある。また、漏電や感電時に人体に流れないようにすることは困難であるため、電路や電気機器が絶縁不良によって漏電や感電事故を防止するための保護機器として漏電遮断器の設置が必要とされている。なお、電技解釈の第17条には接地工事の種類と接地抵抗値が示されている。

閃絡感電事故とは？

閃絡感電事故とは、放電現象が原因で感電する事故である。

放電は気体、液体、固体表面などで生じ、ストリーマに成長して電極間に大電流が流れる。このような放電によって電極間が短絡に至る。そして、この電極間に人体が介在し、放電する場合が閃絡感電事故である。

【1】気体、液体、固体表面からの放電防止策

一般に気体、液体中、あるいは固体表面で生じる全路破壊をフラッシオーバ、もしくはスパークオーバという。また、電極間の一部で導体表面に発生する部分的な放電をコロナ放電という。アーク放電はコロナ放電などから全路破壊が起こり、大電流が流れた放電のことである。

このような放電現象の防止策として、放電現象の予兆が必ず存在することから予防保全が重要となる。特に、高圧機器の設置されている設備では日常的な状態監視や定期的な点検、管理が必要である。

例えば「自家用電気工作物保安管理規程（JEAC 8021）」に規定された工事中の巡視点検や竣工時の点検、定期点検の手法などを参照し、活線作業時の労働安全衛生規則などを十分に理解して作業することが必要である。

第5図に気体放電の分類を示す。

第5図　気体放電の分類

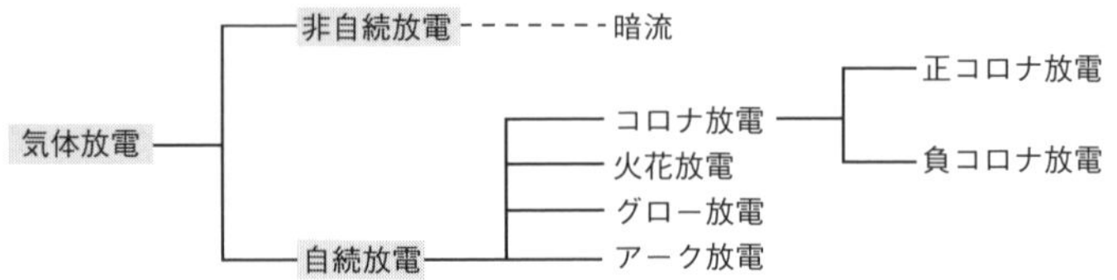

第６図　電気機器からのアーク・スパーク発生原因

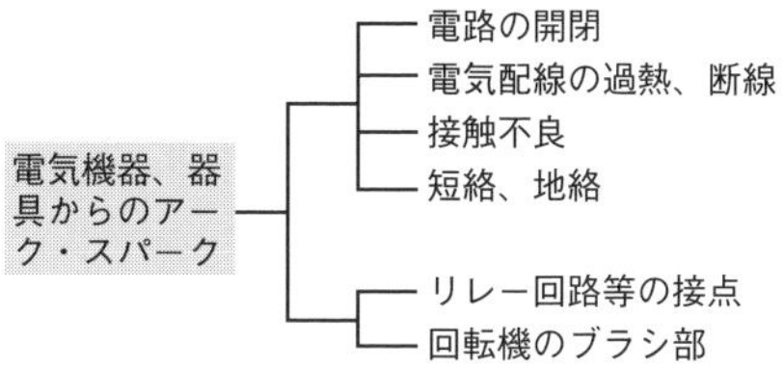

【2】電気設備からの放電と防止策

電気設備から生じる放電は、電気的に絶縁された物体相互間の絶縁破壊によるものである。原因は外雷や内雷の異常電圧の発生と、許容電流を超える電流のための過熱による絶縁破壊、経年劣化、取り扱い不良がある。

第６図は電気機器や器具などから発生するアーク・スパークの発生原因である。これらに対して、目視点検（異臭、変色、加熱、変形など）や計測による定期点検が必要である。

【3】放電による事故防止策

高圧電路や高圧機器などに接近しすぎると放電や電撃による感電災害につながるため、充電部からの離隔距離や絶縁材により保護をする。

労働安全衛生法には、高圧作業を行う場合、充電部からの離隔距離や作業手順、作業管理などを決め、安全に行うことが重要である。電気機器や開閉器などから発生する火花放電は可燃性物質や引火性物質に引火し、電気火災につながるため、火花の発生を防ぐための設備管理が重要になる。

【4】静電誘導、電磁誘導による災害と防止策

送電線や電気鉄道のトロリー線などの付近では、静電誘導や電磁誘導による誘導電圧が生じ、人体に電撃、近接する通信線に通信機能障害をもたらす。誘導障害の防止策で最も効果的な方法は遮へい線を設けることで、通信線にはシールド線（金属被覆ケーブル）や電力線との離隔距離を大きくするなどの対策が必要である。

4 電気エネルギー欠如型の災害

電気エネルギーを各種エネルギー（力学的エネルギー、熱エネルギー、化学エネルギーなど）に変換するとき、電圧降下や電圧変動、電力の供給停止によって生じるエネルギー不足による災害である。

【1】電気供給停止や電圧降下、電圧変動への防止策

電気供給停止による災害は極めて広範囲に及ぶため、信頼性の高い電源が必要である。

❶受電方式

高圧受電設備の受電方式と電源の信頼性の比較について**第3表**で示す。

第3表　受電方式と電源信頼性

受電方式		1回線（3ϕ3W）受電方式		2回線（本、予備）受電方式	
		T分岐受電	専用線	同系統受電	異系統受電
変電所および配電線の事故時	供給停止	有	有	有	有
	停止時間	復旧するまで	復旧するまで	瞬時（切り替え時間）	瞬時（切り替え時間）
他の需要家の事故時の影響	供給停止	有	無	無	無
	停止時間	再投入まで	0	瞬時（切り替え時間）	瞬時（切り替え時間）
電源信頼性		最も低い	高い	高い	最も高い

第7図　非常用電源切り替え制御回路

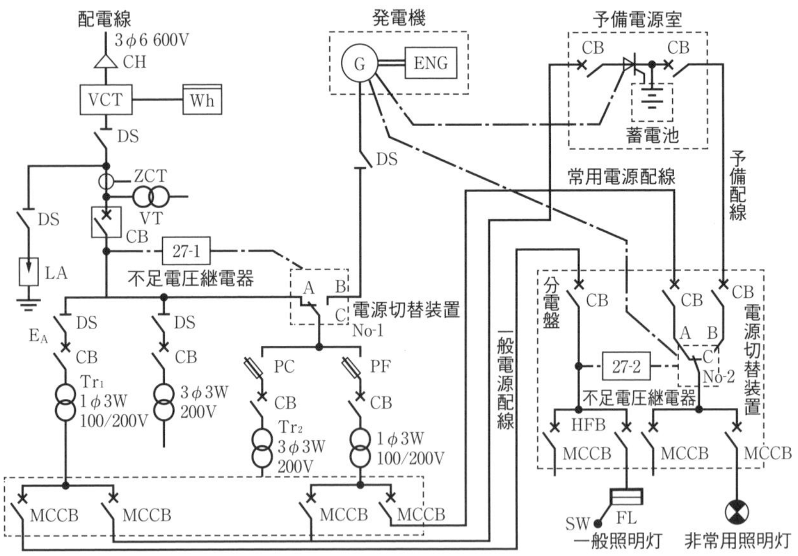

第８図　瞬時バックアップ方式

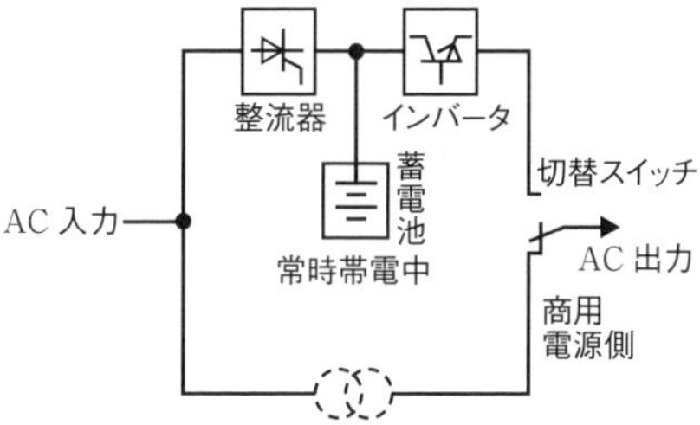

第９図　無瞬断バックアップ方式

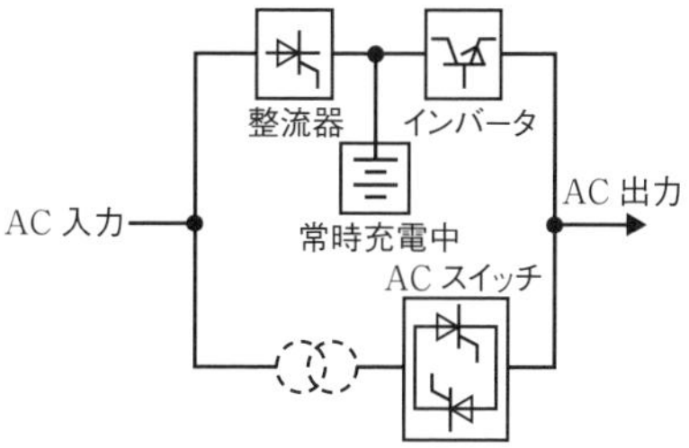

電圧降下は、低圧配線中は幹線および分岐回路において、それぞれの標準電圧(単相は 100 V、三相は 200 V)の２%以下を原則とされている。

電圧変動は電圧変動率で表され、全負荷受電端電圧と無負荷受電端電圧との差の、全負荷受電端電圧に対する比である。電圧変動が大きい場合、他の負荷に与える影響は大きいため、変動は小さく抑えることが重要である。

❷停電および瞬断防止策

日本の電力供給は極めて信頼性が高い。ただ、いかに信頼性が高くても、雷害や台風、あるいは他の需要家からの波及事故などに対する影響を皆無にすることは困難である。したがって、停電や瞬時停電への対策としてバックアップシステムを導入している。

停電対策（非常用電源）にディーゼル発電設備やガスタービン発電設備がある。**第７図**は非常用発電機との切り替え制御回路の一例である。

コンピュータなどの電源は無停電電源設備が必要であるため、インバータによる瞬時バックアップ方式（**第８図**）や無瞬断バックアップ方式（**第９図**)を設置する。両者の違いは切り替えスイッチの有無である。

第2章

電気工作物の事故事例

さまざまな要因が存在する電気事故。
この章では、Dr.中野が原因の解明を手がけた22の事故例を紹介する。
そこには、いったい何が潜んでいるのか……。
真実を追究する至高のメソッドが、ここにはある。

09 電気事故の原因解明に対する考え方

電気工作物の基礎知識

電気事故は、電気設備の規模によって発生原因などが大きく異なってくる。例えば、一般家庭で起こる電気事故には分電盤内の配線用遮断器の接続部、コンセントと家電機器との接続部などの焼損事故が多発している。一方で、工場などの大規模な電気設備を所有する施設では事故の被害規模も大きく、発生原因も複雑化する傾向にある。

まずは、電気工作物の基礎について取り上げる。

電気工作物には、**第1図**に示すように電気事業者が所有する電気設備から一般家庭に置かれている設備、ビルや工場などに導入される電気設備があり、その違いによって保安管理体制も異なってくる。

第1図のような保安管理体制下で、それぞれの電気工作物に対し、しっかりと維持、管理されているにもかかわらず、電気事故を皆無にすることができない難しさがある。

電気工作物の種類

電気工作物とは発電、送電、配電、または電気を使用するための機械器具などを指す。その区分は電気事業法で定められ、事業用電気工作物、電気事業の用に供する電気工作物、自家用電気工作物および一般用電気工作物に分けられている。

一般用電気工作物とは、**第2図**に示すような低圧（交流600 V以下）で使用する一般家庭、商店などの電気工作物（小出力発電設備を含む）で、一般に電気事業者(電気供給者)から受電し、電気を使用する需要家である。

また、自家用電気工作物とは、**第3図**に示すような高圧(交流600 Vを超える電圧）で受電し、以下の需要家に設備されている電気工作物であり、構内で低圧に変えて使用する需要家である。

第 1 図　電気工作物と保安管理体制

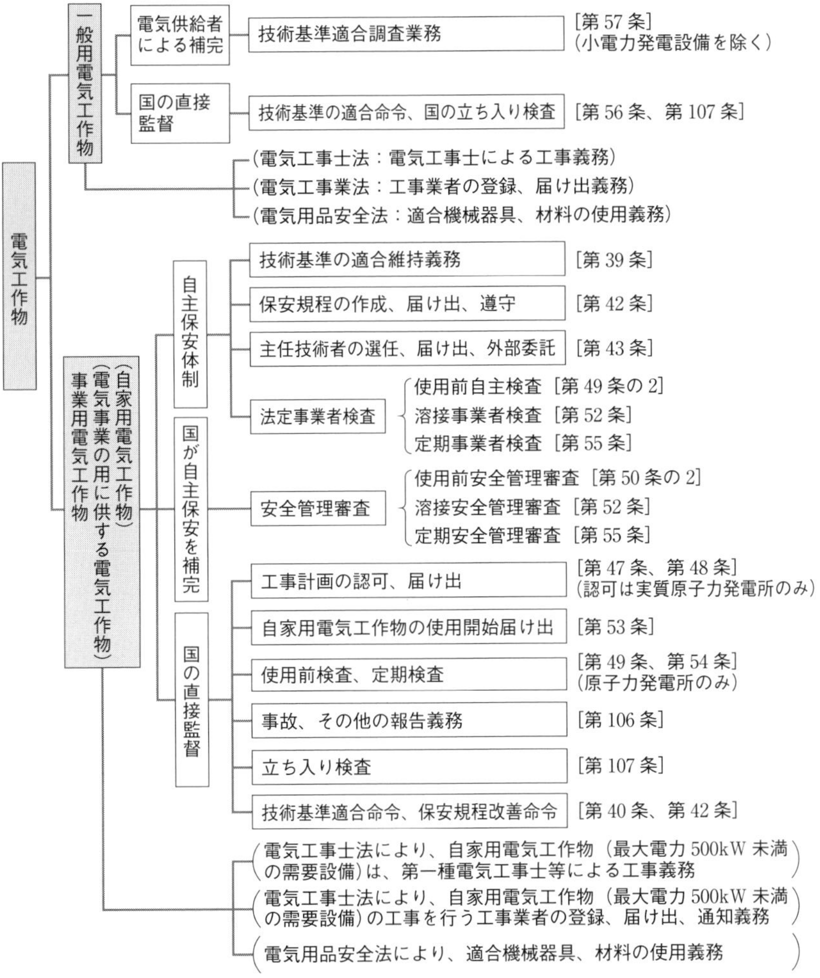

・小出力発電設備以外の発電設備と同一構内に設置するもの（小出力発電設備、非常用発電設備も含む）
・電気事業者（電力会社など）から高圧および特別高圧で受電するもの
・構外にわたる電気工作物を有するもの（受電点が構外にあるもの、受電のための電線路以外の電路より構外の電気工作物と電気的に接続されているもの）

・火薬類取締法に規定する火薬類を製造する事業所の電気工作物
・鉱山保安法が適用される鉱山など

なお、以下で一般用電気工作物や自家用電気工作物で発生した事故例をもとに、発生原因と解明方法、対策方法について解説する。

第２図　一般需要家の屋内配線図

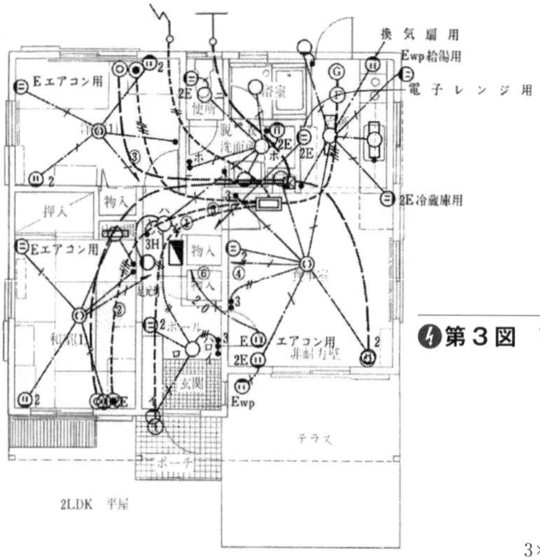

第３図　高圧受電設備の単線結線図

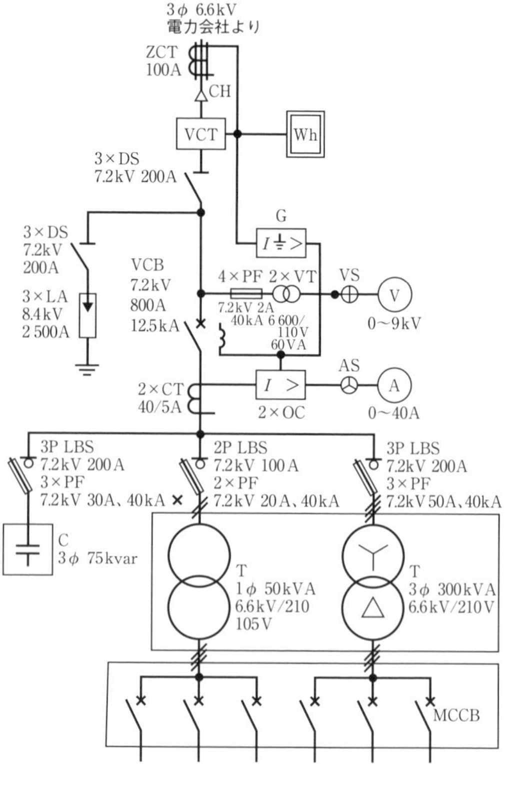

原因解明のアプローチ

電気事故には感電や電気火災、さらには事故に伴う電力の供給停止など、われわれの日常生活に多大な影響を及ぼすことになる。

今日まで多くの電気事故の解明に携わった筆者が思うことは、これらの事故は電気設備を施工するときの些細なミスや保守管理の不備が起因となっている。いわゆる、ヒューマンエラーだ。

これまで一般用電気工作物で起きた事故や自家用電気工作物の事故の発生原因を解明してきたが、その多くはヒューマンエラーが原因だと判断されている。これを踏まえて、筆者が事故原因を解明するにあたって、どのような考えで行っているかを記しておきたい。

まず、事故の当事者（設備管理者や施工業者など）から事故原因の解明を依頼されると、発生状況について、現場で確認可能な場合は足を運んで状況を把握する。このとき、技術資料や現場の状況を詳細に分析し、さらに当事者から発生状況について情報を集める。

現場の確認が不可能な場合は当時の状況（参考となる資料など）や、発生原因と思われる現物（例えば、焼損したケーブルや電気機器など）を預かり、原因に関係する分析方法や発生要因の推定などを検討。分析可能な方法を確認し、依頼者および関係者の立ち会いの下、推定した発生原因から分析方法を説明して理解を得たうえで検証している。

なお、原因を推定する場合、例えば、事故発生箇所が配線用遮断器などの接続部付近が激しく焼損している状況であったなら、接続作業が適切に行われていたか否かの疑問につながる。圧着接続、圧縮接続や端子接続の場合では導体相互間の接触面に異常がないか否かの確認が重要であり、X線観察や顕微鏡観察などにより検証が必要となる。

さらに、再現が必要なときは加速寿命試験で実証を行い、発生原因を確認することとしている。また、経年劣化などによるケースでは設備環境や保守管理の状況も参考にする必要がある。

事故が複雑化するにつれて考えられる発生要因をマトリクス状に列挙し、それぞれ事故の発生につながるか否か、検証を含めて１つずつ解明する。特に、事故原因が外的要因か内的要因かの見極めも重要で、最終的に関連した文献などを参考に原因を明確にしていく、という流れである。

10 一般用電気工作物の事故例

事故例①

・発生状況

夕方、居住者が室内の電灯のスイッチを入れたところ蛍光灯が点滅を繰り返し、また、テレビなどの家電機器の一部に故障や異臭が発生。電源系統で異常が発生したものと判断された。

・原因の推定

落雷や雨水などの影響がないにもかかわらず、照明器具や家電機器の故障発生状況から、接続部の接触不良、または欠相などによる異常電圧が発生したものと推定される。したがって、1分岐回路でのトラブルではなく、主電源側に問題が発生したものと推定された。

・調査結果

分電盤内を調査した結果、**写真1**に示すように単相3線式100 V/200 Vの漏電遮断器の中性相の接続端子部分で接触不良による焼損、欠相が確認された（**第1図**）。欠相によって異常電圧が発生、照明器具や家電機器が故障につながったものである。

なお、欠相によって発生した異常電圧は不平衡負荷（L1-N相、L2-N相の間）によって、故障や焼損した電気機器には125 V以上の電圧が加わった

写真1　焼損したN相

第1図　分電盤内の配線図

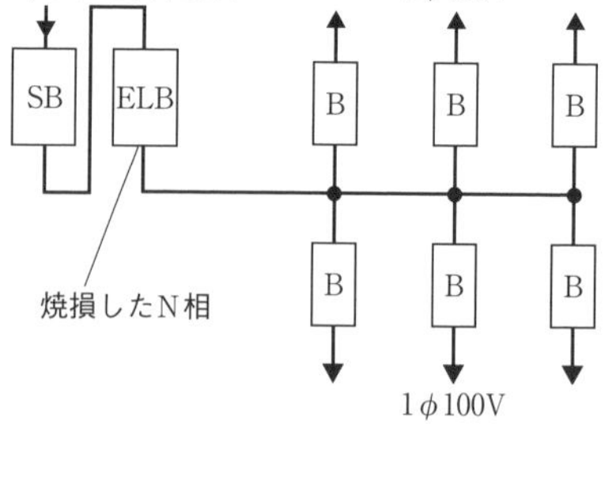

ものと判断された。

・防止策

本件の場合、分電盤内の幹線により線が使用され、その端末にハンダ処理が施され、接続されていたことから「応力緩和（緩み）」が発生。接触不良につながったものである。電線端末のハンダ処理は避け、圧着端子などにより適切な締めつけトルクで接続することが重要である。

なお、漏電遮断器などに接続する場合、圧着端子（Y端子またはU端子）の舌部がねじれないように締めることも注意したい。さらに、経年による応力緩和を防止するため、定期的に増し締めを行うことも効果的である。

事故例②

・発生状況

ビニル電線の焦げるような異臭が発生。ただちに電源を遮断するために分電盤を確認したところ、内部から煙が発生していた。これにより主遮断器を開放した。

・原因の推定

分電盤内でケーブルの短絡、または配線用遮断器などの接続部分で焼損が起こったものと推定した(**第２図**)。

・調査結果

分電盤の設置場所は台所内で、湿気や塵埃の多い場所であることから、分電盤内に湿気や塵埃が入り、漏電遮断器の表面にカビのようなものが発生（**写真２**）。トラッキングの初期現象で、接続部は腐食により焼損し、欠相状態であった。

・防止策

写真２に示すように、漏電遮断器の表面にカビが発生しているということは、分電盤の設置場所として湿気（結露など）や塵埃の発生しやすいところは避けるべきである。特に、電気設備を施設するときは、特別な場合を除いて水気のある場所、湿気の多い場所、塵埃の多い場所は避けることが重要である。

❹第２図　分電盤内の配線図

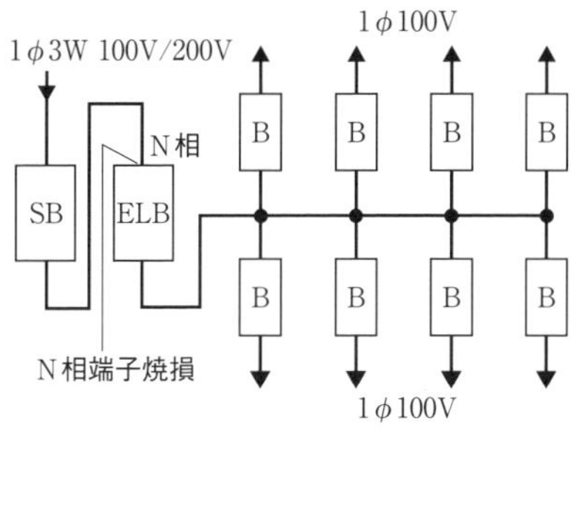

写真２　カビの発生した漏電遮断器

写真３　トラッキングの発生したコンセント

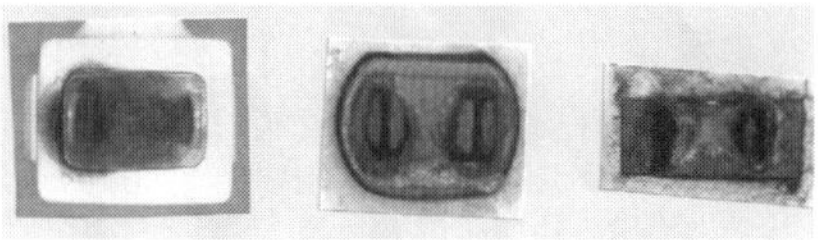

また、近くで換気対策も必要である。

事故例③

・発生状況

台所に設置された冷蔵庫の裏側のコンセントから出火。冷蔵庫の周囲が焼損し、**写真３**に示すようにコンセントが設置された壁は完全に焼損。コンセントも跡形もなく焼損している。

・原因の推定

火災現場から、冷蔵庫の設置場所は通気が悪く、壁に密着した状態だったことから塵埃がたまりやすいと推測。機器からの発熱で経年的な劣化につながり、コンセントとプラグ間でトラッキングが発生し、火災につながった。

・調査結果

明らかに発火元は冷蔵庫の電源プラグとコンセントの接続部と判断された。特に、通気の悪い場所のためトラッキング現象が発生し、火災につながった。

・防止策

冷蔵庫などの家電機器を長期間にわたって設置状態にする場合は、可能な限り通気のよい場所に設置し、コンセントとプラグ間で発生する放熱を抑えることが重要である。さらに、コンセントの表面を乾いた布などで拭くこともトラッキング現象の発生防止に効果的である。

トラッキング現象による発火直前のコンセントとプラグ間の状況を**写真４～９**に示す。

また、ねじ端子（汎用の一体型コンセントおよび連用型コンセント）の緩みについての実態調査を行った結果を以下に示す。

・調査方法

調査対象は某マンション（101戸）内のコンセント「ねじ端子方式の緩み」

写真４　発火前のコンセントとプラグ

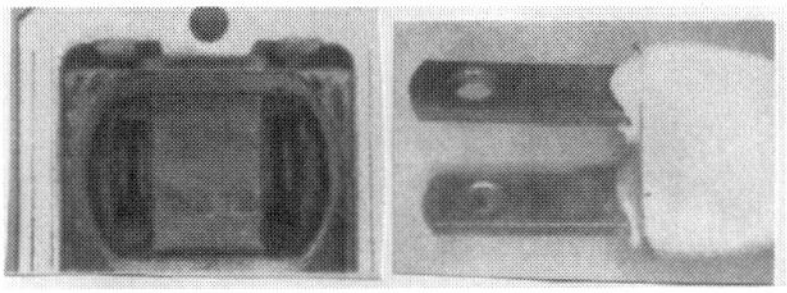

写真５　焼損した差し込み電線

写真６　プラグ内の接続部分で焼損

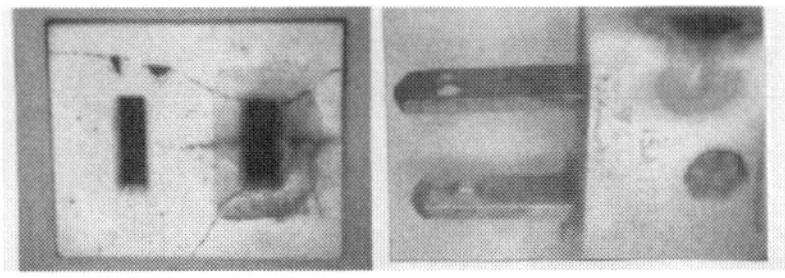

写真７　コンセントとプラグ内で焼損

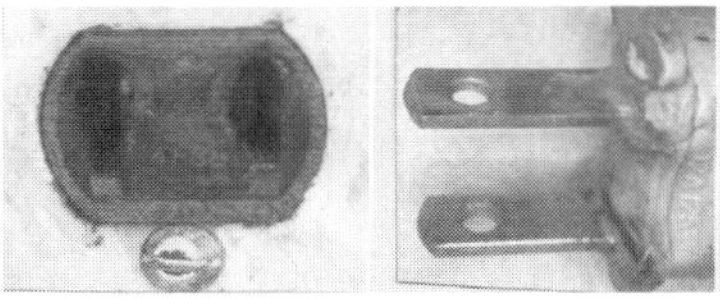

写真８　コンセント内部の接地相端子で焼損

写真９　極めて危険な状態のコンセント

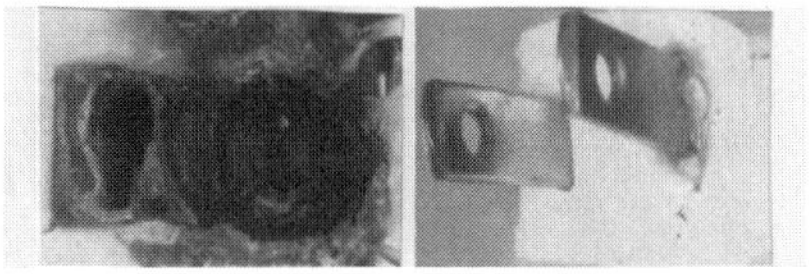

について、建築後、5年から25年を5年ごとに区分し、トルクドライバによって戻しトルクを調査した。

・調査結果

5年以内でも戻しトルクが5 kg・cm以下の端子が確認された。特に、0 kg・cmは完全に緩んだ状態であり、電気火災につながる極めて危険な状態であったといえる。

この要因としては、コンセントの取りつけ時の締め忘れや経年に伴う応力緩和によるものと考えられるが、いずれにしても設備管理が重要である。また、**第１表**からもわかるように、建築後、10年程度で緩みの確率が高くなる傾向があり、一体型に比べて連用型のほうが「緩み」の確率は高くなっている。

なお、コンセントの端子のねじ径は4 mmで、締めつけトルクは10～12 kg・cm程度で締めつけられたものと思われる。

・原因の推定

異臭の発生源が分電盤近くにあるものを推定されることから、分電盤内

第1表　コンセントの経年別による戻しトルク

トルク〔kg・cm〕	25年		20年		15年		10年		5年	
	一体型	連用型	一体型	連用型	一体型	連用型	一体型	連用型	一体型	連用型
0	10	2	0	30	0	18	1	9	1	0
1〜5	38	13	8	139	5	116	18	14	2	2
6	7	3	0	24	0	21	9	17	2	6
7	8	3	0	17	1	29	4	6	1	6
8	4	6	0	23	2	19	10	5	6	2
9	8	5	0	9	0	23	5	10	2	4
10	5	3	0	12	0	22	6	11	4	5
11	5	1	0	5	1	6	7	5	2	4
12	2	0	0	5	1	2	9	9	6	3

部に異常があるものとして、内部の配線用遮断器などに異常が発生したものと判断。特に、蛍光灯の「ちらつき」から接触不良が発生しているものと思われる。

・原因の特定

分電盤を開いたところ、漏電遮断器の電源側の中性相（N相）とL相の絶縁シースが焼損。特に、中性相は溶断に近い状態で、明らかに接触不良状態であった。蛍光灯の「ちらつき」も、これが原因であることを確認した。

・防止策

需要家の建物も築後20年近くになるとのことから、漏電遮断器の接続部で経年的な応力緩和による「緩み」が発生。焼損につながったものといえる。なお、このような締めつけトルクによる機械的加圧力による接続方法は、接続当初の把握率（戻しトルク／締めつけトルク）が経年に伴って低下することから、定期的な増し締めを行うことが必要である。

事故例④

・発生状況

需要家の家電機器に異常が発生。蛍光灯の不点灯や、冷蔵庫などから焦げたような異臭があり、電気設備に問題が生じたと判断した。

・原因の推定

複数の電気機器に異常が発生していることから、電源系統に何らかの問題が生じているものと判断できる。仮に電気機器が1台のみなら、機器自体に問題があると判断できる。

・調査結果

調査したところ、屋外の側壁（雨線内）に設置された分電盤内の漏電遮断

第３図　分電盤内の配線図

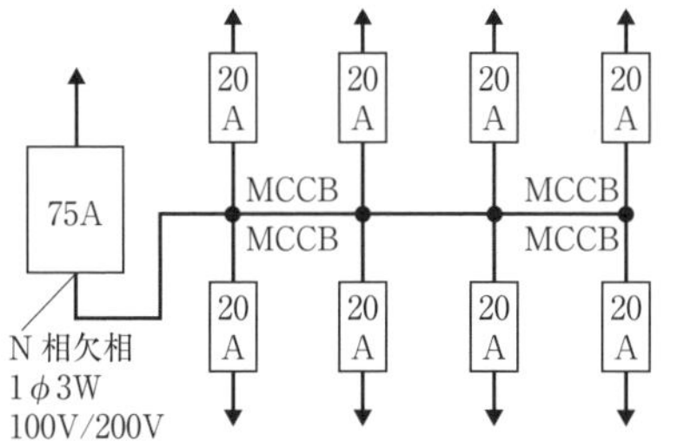

写真１０　屋外（雨線内）に設置された分電盤

器の電源側に腐食の痕跡があり、構内への引き込み電線を介して漏電遮断器の電源側に雨水が浸入。中性線の接続部で接触不良を起こして中性相が欠相し、異常電圧が発生。電気機器が焼損したものと判断された（**第３図**、**写真10**）。

・防止策

本件の場合、屋外（雨線内）に設置された分電盤に引き込み電線を介して雨水が浸入したことにより、単相３線式の中性相の接続端子部が腐食して欠相に至ったことから、このような施設方法では分電盤内に雨水や塵埃、結露などの侵入、発生への徹底した対策が必要になる。

事故例⑤

・発生状況

需要家の家電機器が多数故障したため電気設備に何らかのトラブルが発生したと推測。原因解明と対策を行った。

・原因の推定

このような事故の場合、異常電圧が発生して電気機器が焼損するケースが多い。そうなると、分電盤内の主遮断器（漏電遮断器）の中性相が欠相したと判断することができる。

・調査結果

第４図および**写真11**に示すとおり、電力会社側の電源と需要家が設置した太陽光発電設備からの電源を主遮断器の電源側で重ねて接続し、この部位で接触不良が発生。中性相の接続部で焼損した。したがって、この焼損で中性相が欠相し、異常電圧が発生して過電圧側に接続された電気機器が焼損したと判断できる。

第４図　分電盤内の配線図

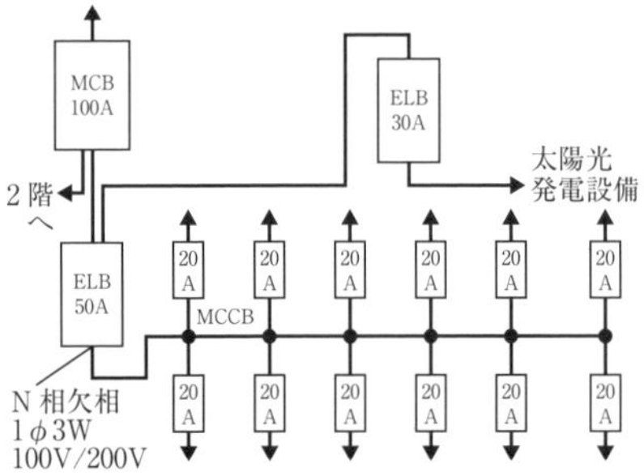

写真１１　欠相原因となった中性相の焼損状況

・防止策

漏電遮断器の接続端子に重ねて接続する場合は、圧着端子の接触面を背中合わせ（曲げ角度を60°以内）にして、規定値の締めつけトルクでしっかり締めることが重要である。特に、締めつけ回数が１回程度では緩む確率が高いことから、規定トルクで３回ほど繰り返し、４回目に規定値でしっかり締めつける。これで応力緩和による緩みの発生を少なくすることができる(把握率が高くなる)。

事故例⑥

・発生状況

需要家の電気機器が故障し、蛍光灯に不点灯といった異常が発生した。

・原因の推定

複数の電気機器に異常が発生していることから、電源系統に何らかの問題が生じたものと判断。特に、機器の故障や蛍光灯の不点灯から分電盤内の配線用遮断器などにトラブルの原因があると推定し、調査することとした。

・調査結果

調査した結果、漏電遮断器の電源側中性相の接続端子部分で焼損を確認(**写真12、13**)。この部位の接続方法はより線を箱端子に入れ、ねじ止めによる接続であった。この接続部に緩み（応力緩和などによる）が発生し、焼損につながったことが原因だと判断した。

・防止策

より線をねじ端子で接続する場合、緩みの発生する確率は高いため、１回の締めつけは避け、３～４回程度の増し締めを行い、より線の「ばらけ」を最小限に抑える。このとき、箱端子内でより線が「ばらけ」ないように、

写真12　焼損した漏電遮断器

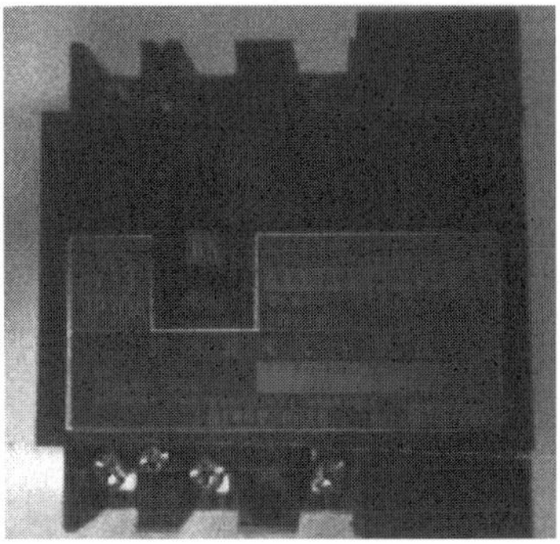

写真13　電源側中性相の箱端子接続部

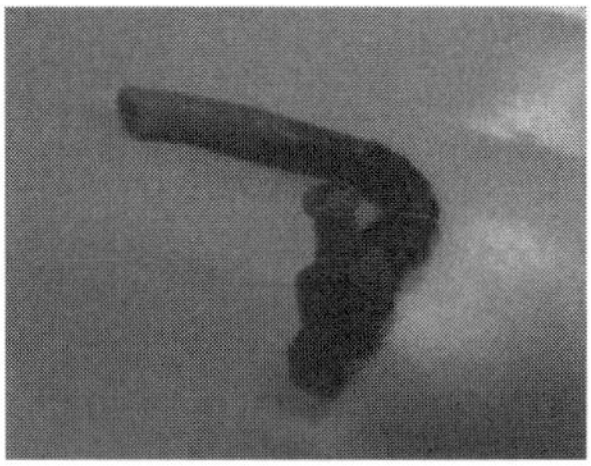

第5図　分電盤内の配線図

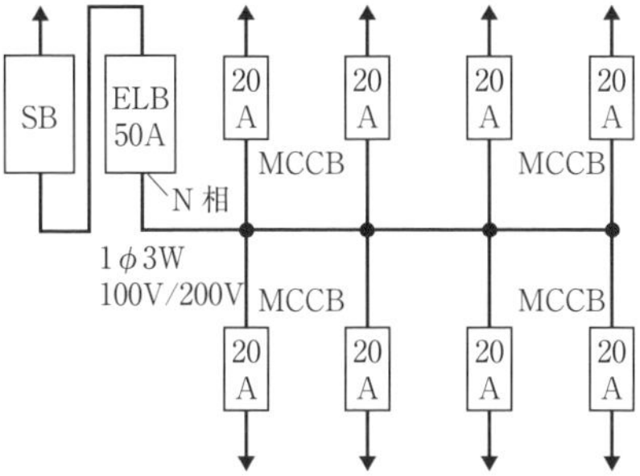

箱端子とより線のサイズを合致させることが重要である。

なお、中性相が多く欠相する要因は、**第5図**に示す単相3線式（100V/200V）の場合、L1-N（100V）、L2-N（100V）、L1-L2（200V）であり、N相の端子に流れる電流のオン、オフの回数はL1およびL2の端子に流れる電流のオン、オフ回数（ヒートサイクル数）と比べて1.2～1.4倍ほど多いため、N相の接続部では電流に伴う膨張－収縮の発生が多いことが挙げられる。

いずれにしても、機械的加圧力による接続の場合、経年に伴う応力緩和が起こることから増し締めなどの管理を行う必要がある。

事故例⑦

・発生状況

需要家の家電機器から煙が発生。絶縁材の焦げたような異臭があり、分電盤内の漏電遮断器を開放した。家電機器の一部が焼損で使用できなくな

写真14　焼損した漏電遮断器（上が表面、下が裏面）の中性相

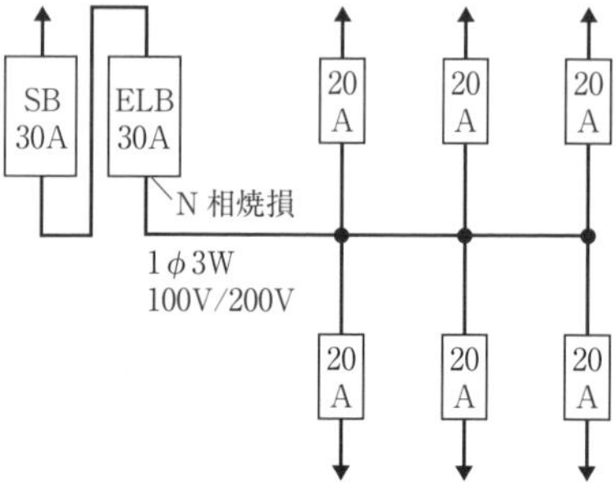

第６図　分電盤内の配線図

った。

・原因の推定

電気機器は比較的新しい製品であることから、電源側に何らかの原因があると判断。分電盤内の配線用遮断器に原因があると推測した。

・調査結果

漏電遮断器の電源側、中性相の白い絶縁被覆が炭化し、明らかに中性相の接続端子部分の焼損が確認できた（**写真14、第６図**）。このため、単相3線式の欠相事故により異常電圧が発生し、電気機器を焼損したものと判断した。

なお、漏電遮断器に接続されたより線の先端には、より線が「ばらけ」ないようにハンダ処理が行われていた。この部分が経年劣化（応力緩和）で接触不良を起こし、欠相事故につながったと判断できる。

このような接続部にハンダ処理を施して機械的加圧力がかかった場合、処理方法によっては急速な劣化につながる恐れがある。ハンダ自体は抵抗が高く、弾性係数が小さいことから応力緩和が起こりやすいため、接続部で焼損につながる危険性が高いことが原因に挙げられる。

・防止策

より線のねじ端子などで機械的加圧力によって接続する場合、より線の

「ばらけ」を防止する方法として、先端を圧接する方法、または圧着端子などで接続する方法がある。特に、ハンダ処理で接続されている場合は緩みの確認(増し締め)など、定期的な管理が必要である。

事故例⑧

・発生状況

需要家の蛍光灯にチラつきを確認し、そのうち絶縁材の焦げたような異臭が発生。異臭の発生源は分電盤付近で、まもなく停電したことから電気系統に異常が発生したものと推測した。

・原因の推定

異臭の発生源が分電盤付近であるとの推測から、分電盤内部に異常があるものとして配線用遮断器に着目。特に、蛍光灯のチラつきから接触不良が発生していると判断できる。

・調査結果

分電盤を開いたところ、漏電遮断器の電源側の中性相(N相)とL相の絶縁シースが焼損。特に、中性相は溶断に近い状態で、明らかに接触不良状態であった。蛍光灯のチラつきも、これが原因であることを確認した(**写真15**)。

写真15　溶断した中性相

・防止策

需要家の建物も築後20年近くになるとのことから、漏電遮断器の接続部で応力緩和による緩みが発生し、焼損につながった。

なお、このような締めつけトルクによる機械的加圧力による接続方法は、接続当初の把握率（戻しトルク／締めつけトルク）が経年に伴って低下することから、定期的な増し締めを行う必要がある。

事故原因の解明途中で終了した事例

ここでは、事故原因の解明について、途中で依頼が中止となった例を紹介する。

事故の原因解明を依頼されたなかには、現場の状況や事故の資料をもとに自分なりに原因の推定がついた時点で、解明の中止に至った例もある。

建設中の商業用ビルで完成に近い状態であったが、突然、EPS（電気配管シャフト）周辺を中心に火災が起こった。

現場は未完成のため居住者もなく、日中の建設作業が終われば夜間は無人となる状況であった。ただし、受電設備や各階の照明などの電気設備は完成し、部分的に電力供給は行われていたようである。

なお、現場には火の気がないことから、当時、新聞などでは放火の疑いが指摘されていた。

発火原因を明確にするために、電気設備についての問題点の有無について調査してほしいとの依頼があり、現場に行って状況を調査した結果、EPS内の電源系統（幹線なども含む）で焼損が激しいことを確認。現場検証のあと、電気設備の施工業者や建設業者の立ち会いの下で調査会議が開催。その際には概略の配線図などから電気設備の施工業者の説明が行われた。

当方は電気設備の焼損状況から、いくつかの疑問点を指摘し、会議は終了。帰宅後、疑問点について文献などを確認し、依頼者を通じて電気設備に原因があるケースも考えられることから、設置された電気機器の技術マニュアルと配線図（原図）の提供を求めたところ、突然、原因解明の依頼を中止する旨の通知を受けた。

現場はEPS内の電灯分電盤内部が完全に焼損し（**写真16**）、照明を制御する基盤（**写真17**）は跡形もなく、配線用遮断器も焼損していた（**写真18**）。

これは私の一方的な考えだが、施工業者に重大なミスがあったために事

写真 16　分電盤内部が完全に焼損

写真 17　照明を制御する基盤

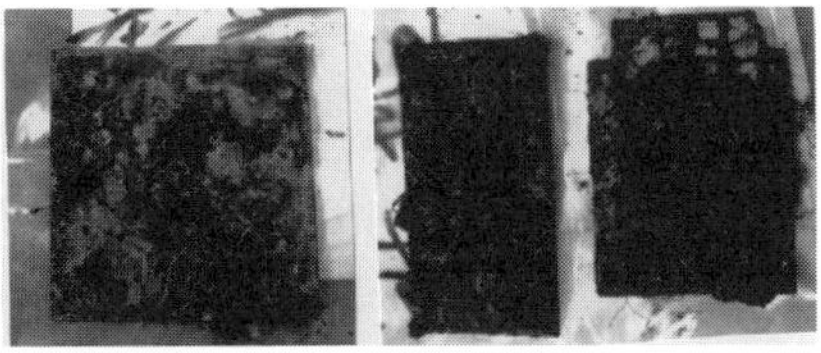

照明制御用 CPU　　空調制御用 PTM

写真 18　焼損した配線用遮断器

故を引き起こしたと判断し、電気機器の技術マニュアルと原図の請求が原因解明の中止につながったものと思う。

その後、本件の事故原因がどうなったかは定かではないが、被害総額は相当の額に達するものと想像できる。

発生原因を特定できなかった事例

・概要

事故のなかには発生原因を特定できない事例もある。

本事故は複合ビルの受電設備の改修工事中に発生したものだ。工事は終わりに近づいていたが、突然、高圧受電設備内の主遮断器（VCB）が遮断し、全館が停電した。

この複合ビルには常に不特定多数の人々が出入りする重要なテナントがあり、発生原因の解明は特に慎重に行う必要があった。

・事故の状況

停電の原因を調査したところ、高圧受電盤の主遮断器が遮断したことで停電に至ったと判断された。停電後は非常用発電機が作動したため、電気設備に関連する大事故につながることはなかったのが幸いである。

応急的な発生原因を確認するため、現場代理人が以下に示す状況をチェックし、主遮断器の再投入を行って復帰させた。ただし、発生原因を明確にするために受電設備の主要機器の誤動作などの有無を確認するため、性能評価を行うこととなった。

1)配電線からの電力供給について指示計器を確認したところ、配電系統のトラブルではないことから需要家側に原因があると推定された。

2)高圧受電盤を確認したところ、VCBが開放状態(オフ)であった。

3)過電流継電器(OCR)、方向地絡継電器(DGR)、不足電圧継電器(UVR)などの保護継電器の動作確認を行ったところ、動作表示はなかった。

4)中央監視盤の警報履歴について、保護継電器動作の誤報受信の有無を確認したところ、受電設備の警報履歴はないことが判明した。

5)事故当日、電気室内での工事や入退室を確認したところ、停電発生時にビル保安管理者が日常の指示計器記録のために入室していることが判明。ただし、メインの高圧受電盤や他の高圧盤の記録を行っていたが、計測時には盤に触れていないという。

6)復帰のために電気主任技術者の立ち会いで外観点検による異常、異臭の確認を来ない、1 000Vの試験電圧で絶縁抵抗測定を行った結果、2 000MΩであったことから絶縁不良などの異常がないことがわかった。さらに、電力会社に周辺の需要家で停電や波及事故がないことを確認。連絡協調を行って復電した。

・事故の推定

事故発生時の状況や直後の現場代理人による状況確認などから、以下の方法で発生要因を検討することとした。特に、主遮断器の異常動作の有無、主遮断器をトリップさせる機能を持つOCRとDGRの異常動作、電気室の改修工事に伴うヒューマンエラーの発生要因についての検討も行った。

1)主遮断器の性能評価

2) OCRの性能評価

3) DGRの性能評価

4)電気室内の計測時に起こりうるヒューマンエラーの発生要因

5)停電時の電気室内の状況からの推定

6)電力側の配電系統の異常

7)配電系統の地絡事故によるDGRの不必要動作

・調査結果

主遮断器や各種継電のメーカーが所有する実験場で、それぞれの機器について事象実験で異常動作の有無を検証した。なお、すべての検証機器は受電盤に設置されていた実機で行った。

1)について、定格および使用条件との違いを確認するため、手動開閉試験、開閉特性試験、最低動作試験、絶縁抵抗試験、商用周波耐電圧試験などを実施、性能評価を行った結果、異常がないことを確認した。

2)について、限時動作電流測定、限時動作時間測定、瞬時動作電流測定、瞬時動作時間測定、不動作試験、絶縁抵抗試験、商用周波耐電圧試験などを行って異常がないことを確認した。

3)について、動作電流値、動作電圧値、位相特性、動作時間、絶縁抵抗試験、商用周波耐電圧試験などを実施し、異常がないことを確認した。

4)について、電気室は取扱者以外が入室しない構造として、「出入り口または扉には立入禁止」「高圧危険」をわかりやすい位置に表示することになっている。本件の場合、「高圧危険」の表示は主遮断器が収められた高圧受電盤ではなく、融雪盤に表示されていたこと。さらに、改修工事で受電盤の電圧、電流の切り替えスイッチが旧タイプから押しボタン式に変更していたことから、電圧や電流の計測時に誤って操作したことが考えられる。

したがって、ビル保安管理者のヒューマンエラーによる事故だという考えが浮上した。

5)について、現場代理人は停電の発生直後、電気室に入ってビル保安管理者を確認、指示計器の計測を行っていたが、盤には触れていなかったとのことだが、各相間電圧や相電流の計測操作が旧タイプと異なっていることから、計測時の操作ミスが考えられる。

6)について、停電直後に現場代理人が受電盤の商用側の電圧計で受電されていることを確認。さらに、周辺の需要家で停電がなかったことから、電力側の配電系統では異常がなかったと判断できる。

7)について、需要家構内の高圧ケーブルが長く、対地静電容量が大きいと、配電線側(ZCTの電源側)の事故で不必要動作を行うケースがある。本件の場合、配電線側に事故も発生せず、DGRが動作した状況もないことから、不必要動作もなかったと判断できる。

・結論

本件は停電の原因が受電盤内の機器に異常がなかったこと、電力側の配電系統にも異常がなかったこと、高圧受電盤の改修工事に伴って高圧融雪盤に「変電設備：高電圧」と表示されていたこと、計測機器の操作方法が変更したこと、ビル保安管理者が電気室内で計測中であったことなどを考えると、計測時に高圧受電盤を高圧融雪盤と判断した、または旧タイプの電圧、電流の切り替えスイッチと誤って操作した、人為的な操作ミスによって発生したものと考えることが合理的といえる。

しかし、ビル保安管理側は高圧受電盤にはタッチしていないということで、諸事情を考慮して原因の特定は打ち切りとした。

・防止策

新規に電気機器を導入した際には、機器の操作方法などを徹底して指導することが事故防止の最善策といえる。

11 低圧動力盤に発生した事故

【1】設備概要

低圧動力盤（三相3線式220 V、約1 000 A）を負荷へ供給するため、単母線（銅帯）からダブル母線（ケーブル2本）によって配電する方式で起こった事故である。

この方式は銅帯（銅バー）による単母線方式に対し、ダブル母線とした場合、ケーブルの許容電流を単母線の$\frac{1}{2}$以上にして配電することで、経済性や作業性を考慮した有効な施工方法である。

したがって、一般に数百～1 000 A以上の電流が流れるような配線には、単母線からダブル母線に変更して配線する方法が現場では多用されているようである。

【2】事故の状況

受電室の低圧動力盤幹線の配線用遮断器から、いったん銅バーを介し、さらに難燃性の口出し線ケーブル（ML1：150 mm^2×2、許容電流495 A×2）によるダブル母線にて銅バーに接続し、負荷への供給が行われていた。

第1図に、ダブル母線による低圧動力系統の概略を示す。

この口出し線ケーブルのダブル母線の両端を圧着端子で銅バーへ接続。この部分が2本とも焼損による溶断を起こし、工場内の動力系統の電源供給が停止した（**写真1～4**）。

これらの写真に示すように、口出し線ケーブルが圧着端子の根元部分で完全に焼損、溶断していることから、この部位で赤熱現象が発生したと推測できる。

【3】原因の推定

複母線（ダブル母線など）とする場合、それぞれのケーブルに流れる電流は、可能な限り等分して流すことが重要である。

したがって、焼損原因を検討する場合、複母線に流れる電流は等分するという認識を、施工時はもちろん、施工後の検査についても持つことが必

第1図　ダブル母線による低圧動力系統図

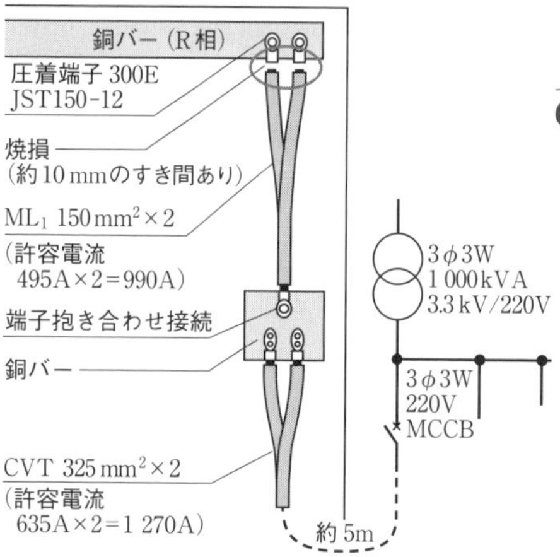

写真1　焼損したダブル母線の現場

写真2　溶断したケーブルと圧着端子

写真3　溶断したケーブルと、ほかの相

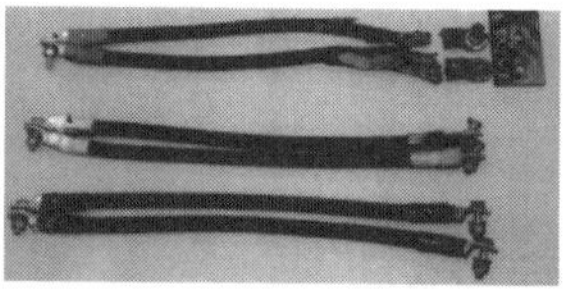

写真4　焼損した圧着端子と端子内部（炭化状況）

a. 焼損した圧着端子

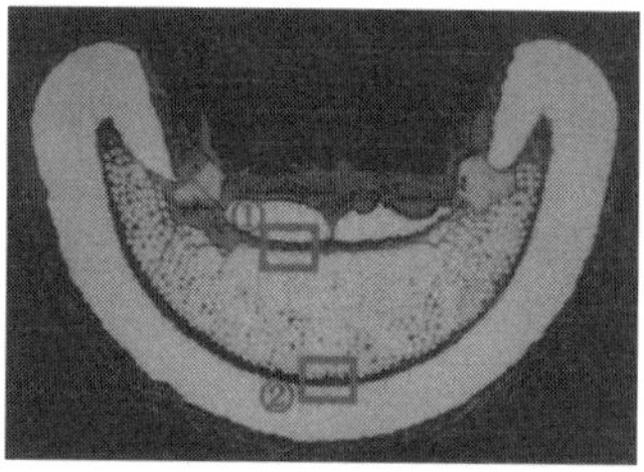

b. 圧着端子の断面

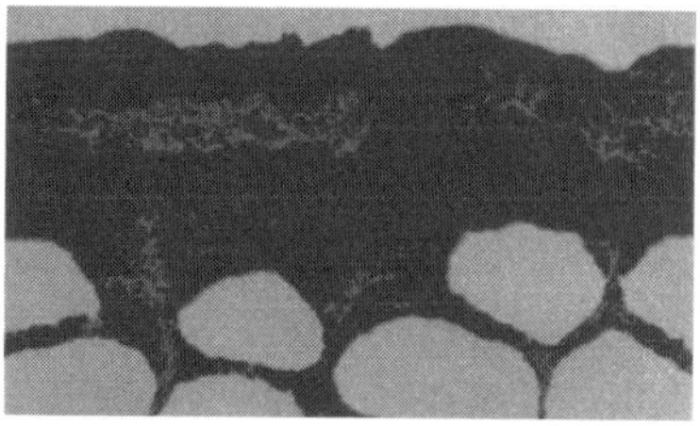

c. 圧着端子内部の加圧側

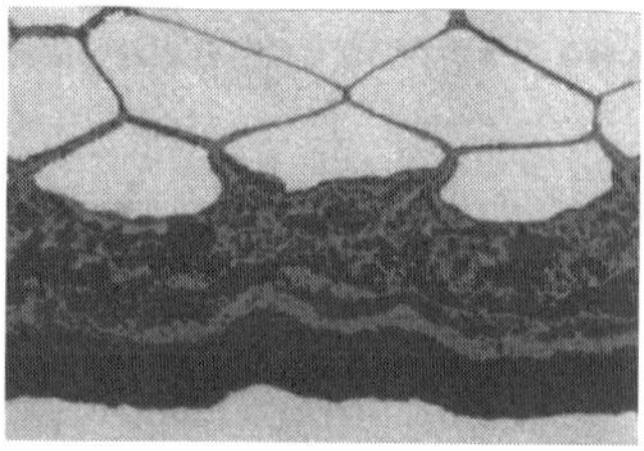

d. 圧着端子内部の受圧側

要である。

例えば、ダブル母線を銅バーに接続する作業を考えてみる。2本のケーブルの長さが等しく、銅バーに接続する圧着端子は同じもの、圧着端子とケーブルを接続する工具は同一、ボルトとナット径は同一、締めつけトルクは規定の数値で締めつけ、といった条件で行った場合、それぞれの母線に流れる電流は等しく流れていると判断できる。

しかし、接続された2本のケーブルの抵抗（接触抵抗を含む）が等しければ、それぞれの母線に流れる電流は単母線の$\dfrac{1}{2}\times I$〔A〕である。第1図のダブル母線の等価回路を**第2、3図**に示す。

R_1側、R_2側の合成抵抗の式を以下に示す。

$R_1=R_a+R_b+R_c$ ……(1)

$R_2=R_d+R_e+R_f$ ……(2)

なお、ケーブルの抵抗は$R_b=R_e$と考えることができるから、それぞれ(1)式と(2)式は以下で表すことができる。

$R_1=R_a+R_e+R_c$ ……(3)

$R_2=R_d+R_b+R_f$ ……(4)

ただし、R_1：ケーブルの両端間の抵抗(電流I_2側)

R_a、R_d：端子の抱き合わせ部の接続抵抗

R_b、R_e：ケーブルの抵抗

R_c、R_f：負荷側の銅バーと圧着端子との接続抵抗

R_2：ケーブルの両端間の接続抵抗

それぞれのケーブルに流れる電流I_1、I_2は以下となる。

$I=I_1+I_2$ ……(5)

第2図　ダブル母線の等価回路

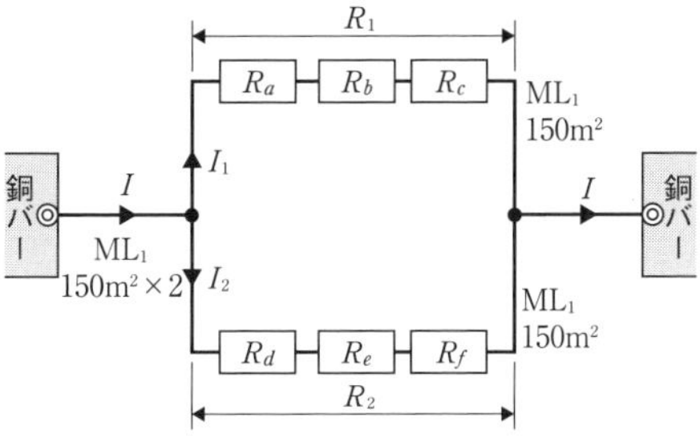

❹第３図　ML_1（150 mm²）の等価回路

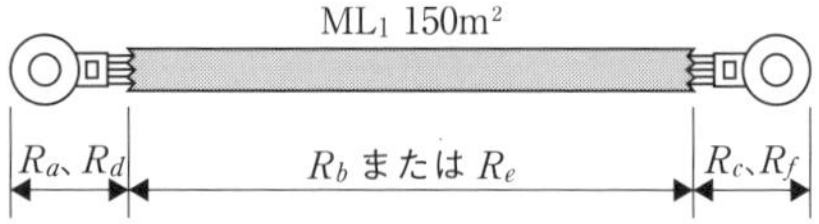

よって、

$$I_1 = \frac{R_2}{(R_1 + R_2)} \times I$$

$$= \frac{(R_d + R_b + R_f)}{(R_a + 2R_b + R_c + R_d + R_f)} \times I \cdots\cdots(6)$$

$$I_2 = \frac{R_1}{(R_1 + R_2)} \times I$$

$$= \frac{(R_a + R_b + R_c)}{(R_a + 2R_b + R_c + R_d + R_f)} \times I \cdots\cdots(7)$$

と表すことができる。

本件の場合、口出し線ケーブルの長さは１m 以下であり、導体抵抗は極めて小さい。また、第１図のようにダブル母線の施工範囲は短く、小さいことから、この幹線部分での導体抵抗は接続抵抗を含めて極めて小さく、mmΩ単位といえる。

したがって、母線に流れる電流は、それぞれの母線抵抗の逆比で流れることから、圧着端子と銅バーとの接続抵抗の違いが、それぞれの母線に流れる電流の差となってくる。

例えば、圧着端子を銅バーに接続するとき、圧着端子の舌部にわずかでも「ゆがみ」や「歪《ひず》み」があった場合、さらに接続時の「締めつけトルク」が多少でも違いがあった場合によって異なってくる。

つまり、$R_1 < R_2$ であれば $I_1 > I_2$ となり、I_1 のケーブルに負荷がかかり、許容電流以上の電流が流れた場合、R_c の接続部は過熱による接続抵抗の増加につながって多大な影響を及ぼすことになる。

仮に、R_1 と R_2 の抵抗比が１：２とすると、それぞれに以下のような電流が流れる。

$$I_1 = \frac{2}{3} \times I \cdots\cdots(8)$$

$$I_2 = \frac{1}{3} \times I \cdots\cdots(9)$$

I_1 の電流増加によって接触抵抗 R_c が増大する（接触部の過熱などの影響）。つまり、R_1 の抵抗増加につながるため、I_1 の電流は減少、I_2 の電流増加へと悪循環が起こる。

接続部ではケーブルおよび接触面の過熱などによってケーブルが「膨張－収縮」を繰り返し、両端に熱応力として作用する。すなわち、この応力は圧着端子に挿入されたケーブル端に働いて素線切れなどを引き起こし、赤熱現象の発生要因となり、最終的に焼損、溶断に至るものと考えられる。

【4】調査結果

圧着端子とケーブルの挿入部位を顕微鏡で観察した結果、わずかではあるが端子内にケーブルの絶縁シースの残存が確認された。このことから接触抵抗の変化が焼損の原因になったと判断できる。

したがって、単母線からダブル母線に変更する場合、わずかな接触抵抗の違いによって経年劣化の促進につながることがあり、接続作業には十分な注意が必要である。

【5】防止策

大容量の幹線を単母線から複母線に切り替える場合、圧着端子の舌部の「ゆがみ」や「歪み」の有無を確認し、工具の「インデントの深さ」「締めつけトルク」の徹底管理を行うと同時に、施工後は電流が均一に流れているかクランプメータなどで確認する必要がある。

母線自体、接触抵抗や導体抵抗が極めて小さいことから、わずかな接触抵抗の違いによって分流する電流に大きな違いが生じる。これが接続部などに経年劣化を促進する要因となる。特に、圧着端子を抱き合わせで接続する場合、上の端子側に接触面が多くなることから、接触抵抗の増加につながることも留意したい。

このような大容量の幹線事故は、いったん発生したら、甚大な損害につながることが想定される。したがって、前述した認識を持って作業することが重要である。

12 分電盤に発生した事故

【1】設備概要

工場内の大型分電盤内の主遮断器（ELB、三相3線式200 V、400 A）が相間短絡し、分電盤周辺が延焼した。周辺には工場内に設置された各種機器を制御する配線もあり、当然、工場内の全機器が停止した。

分電盤は相間短絡によって大きな溶融穴が生じ、そのすさまじさが浮き彫りとなった。

【2】事故の状況

突然、工場内の自動火災報知器が発報。分電盤周辺で火災が発生し、消火活動によって鎮火した。

火災発生場所を調査した結果、発火元が分電盤内部であり、分電盤への引き込み線や天井上部が焼損し、主遮断器と引き込み線が完全に溶断していた。さらに、厚い鉄板には、線間短絡によって生じたと思われる大きな溶融穴が確認された。

なお、分電盤上部には電力用ケーブルのラック配線やLANケーブル、水回り配管などもあり、工場全体に大きな影響を及ぼした（**写真1～6**）。

写真1　焼損した分電盤内部

写真2　焼損した分電盤内部の溶融穴

写真３　ELB に接続された各相の端子

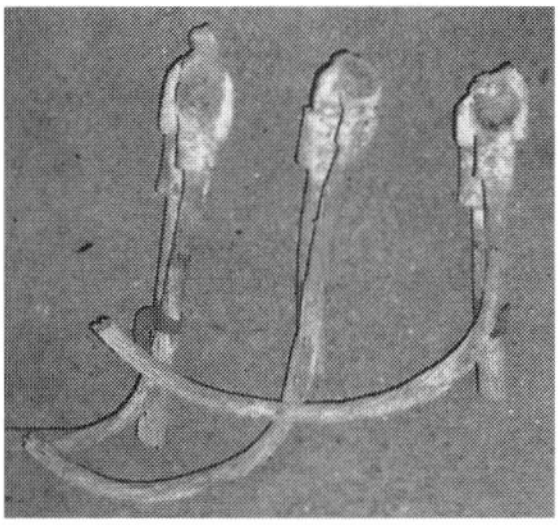

写真４　分電盤表面

写真５　分電盤の表面と天井部の状況

写真６　焼損したラック配線と水回り配管

【3】原因の推定

分電盤内部の主遮断器である ELB の電源側上部が完全に焼損。また、ELB に接続されたケーブルと圧着端子が溶融し、原形をとどめない状態となっていた。

この状況から、明らかに相間短絡が発生したと判断できる。したがって、短絡につながる要因として、トラッキング現象によるものか、接続部の「緩み」が原因で赤熱現象が発生したのか、さらには干渉発熱によるものか、いずれかが原因といえる。

赤熱現象の場合、圧着端子へのケーブル挿入部分（端子の根元）などに発生し、ケーブルと圧着端子の挿入部分で溶断するのが一般的である。ケーブルと圧着端子との接続部は完全に残存していることから、赤熱現象が原因とはいいがたい。

また、分電盤内には多数の分岐回路用配線遮断器（MCCB）が設置されているが、焼損状況から明らかに干渉発熱による原因は考えられない。

本件のように、ELBの電源側の各相間を絶縁しているセパレータが完全に焼失していることから、何らかの原因でトラッキング現象が発生し、相間短絡に至ったものと判断することができる。

そうなると、分電盤上部になる水回り配管からの水漏れ、または結露などの水滴がラック配線やケーブルを介して分電盤内部のELBに浸入。シンチレーションや間欠短絡を繰り返し、最終的に完全短絡に至ったものと判断することが合理的である。

【4】調査結果

事故の発生原因の推定でも触れたとおり、多数の分岐回路用配線用遮断器で生じた干渉発熱による発火は否定できる。さらに、分電盤への引き込み口のケーブル束配線部での干渉発熱についても、鉄製分電盤のELB取りつけ部にできた溶融穴から判断する限り、発火原因とは考えられない。

また、赤熱現象が発生した場合、溶断部位には多くの亜酸化銅（Cu_2O）の成分が検出されるが、ケーブルの焼損、溶断の状況から判断する限り、発生が確認できない。赤熱現象によるケーブルの溶断は導体外部で発生した微小放電が導体の中心部に増殖が進み、最終的に導体自体が溶断する。

したがって、溶断面は切断したような焼損面の特徴があることから、赤熱現象が原因とは断定できない。

トラッキング現象は異極間の絶縁材表面に塵埃や結露、水滴などが付着。この部位で微小な電流が発生、停止を繰り返す（シンチレーション）ことで絶縁材表面が炭化し、最終的に絶縁材表面は劣化して完全に電流の流れる経路ができることで短絡に至る。このときのアーク放電は膨大な熱エネルギーとなり、銅板や鉄板さえも溶融させる。

本件では設置された分電盤の上部に工場内へ水を供給する配管があり、この配管から結露や水漏れが発生し、ラック配線や分電盤内に引き込まれたケーブルを介してELBの電源側に水滴がたまり、間欠短絡を繰り返して完全に短絡。同時に、短絡時に発生したアーク放電によって溶融穴やケーブルの焼損、天井部への延焼火災が引き起こされたのである。

【5】防止策

トラッキング現象の発生要因は、電気設備を施設する場合、設置環境に十分留意する必要がある。特に、塵埃や湿気、水回りのある場所は回避するか、十分な防護策を施すことが重要である。

本件では、設置された分電盤の上部に水回り配管が施設され、そこから漏れた水、あるいは結露した水滴がケーブルを伝ってELBの電源端子部にたまり、間欠短絡を繰り返し起こしたことが原因で、完全短絡に至る前には種々の現象が発生する。

例えば、間欠短絡時のノイズ波形や、絶縁材の炭化時に発生する異臭など、保全管理を徹底することで事故を防ぐことが可能である。本件の場合、事故発生部位より上位の保護装置が十分に機能しなかった点も問題として挙げられる。

13 施設内照明設備に発生した事故

【1】概要

大型スポーツアリーナの照明器具で発生した事例である。アリーナの天井部に取りつけたセラミックメタルハライドランプ用の配線用遮断器を投入したが点灯せず、遮断器がトリップして点灯不能となった。

【2】事故の状況

アリーナの照明を点灯するために照明用の配線用遮断器（200 V）を投入したところ、点灯しないで配線用遮断器がトリップした。原因解明のために絶縁抵抗を測定した結果、絶縁不良は確認できなかった。

照明回路図を調べた結果、セラミックハライドランプの点滅はリモコンリレーで行っていることが判明。さらに、原因の調査を進めたところ、照明用安定器の収納ボックス内部で端子台の焼損が確認できた。

したがって、照明の不点灯原因は端子台の焼損による短絡だと判断した。この状況を**写真1**に、セラミックメタルハライドランプの点灯回路を**第1図**に示す。

【3】原因の推定

写真1から焼損原因を推定すると、下記の問題を検証する必要がある。

・挿入電線と圧着端子の不適合
・圧着端子と圧着工具の不適合
・端子接続部の「緩み」による接続不良
・圧着作業時の施工ミス
・その他

写真1　焼損した照明用安定器内の端子台

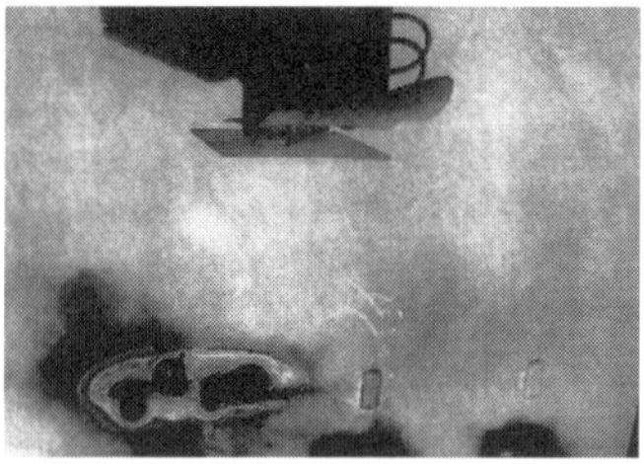

第1図　セラミックメタルハライドランプの点灯回路（概略）

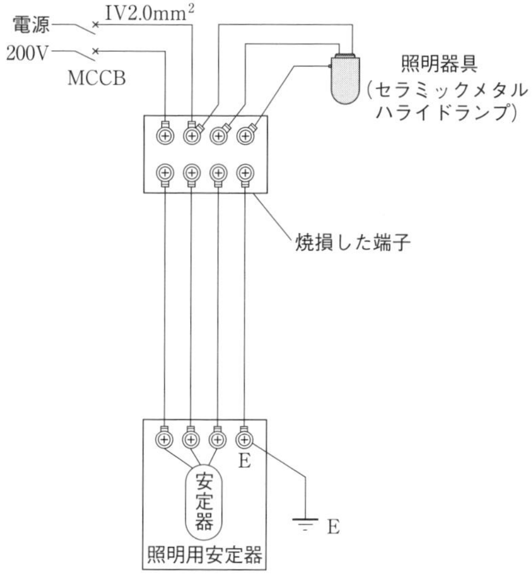

これらのことから、下記の事項についての調査、検証が必要になる。

1）電線サイズ（IV2.0 mm）と圧着端子の適合性について、顕微鏡で確認する

2）圧着工具と圧着端子との適合性を、圧着部分のインデントや加圧部のマーキングなどについて顕微鏡で確認する

3）端子接続部の「緩み」の発生の有無について、接触面の状況を顕微鏡で検証する

4）接続断面から接続性能を推定し、焼損原因を検討する

5）焼損部の炭化状況から赤熱現象の発生の有無を検証する

【4】調査結果

【3】で挙げた5つの項目について、調査、検証した結果を示す。

1）の絶縁電線（IV2.0 mm）と圧着端子（R2-4S）の適合性については特に問題なし。したがって、焼損原因ではないことが確認できる。

2）の端子台（ねじ径3.5 mm）と圧着端子との接続について、本来、このような接続信頼性を評価する場合、圧着端子メーカーが指定した端子台のねじ径に適合したものを使用することが重要である（JIS C 2805）。

この意味では、本件の場合、圧着端子メーカーの指定された端子台と異なり、施工者が異なった端子台の使用について接続性能を評価する必要があるといえる。

また、圧着端子と圧着工具の適合性については、圧着部のインデント跡を調査した結果、痕跡が確認できないことから旧タイプの工具で接続されたと思われる。JIS C 9711 に指定されたものと異なるということは極めて問題があり、焼損につながる要因となる(**写真 2、3**)。

3) の端子接続部の「緩み」について、戻しトルクなどによる検証は接触部の溶着などによって検証が困難なことから、ねじの接触面を顕微鏡で観察した結果、異常が認められたことから「緩み」の発生も考えられる(**写真 4**)。

4) の接続断面は、顕微鏡観察から圧着工具と圧着端子の不適合により発生したと思われる多数の空隙が確認できたことから、接触不良による発熱

写真 2　圧着工具の加圧部の形状

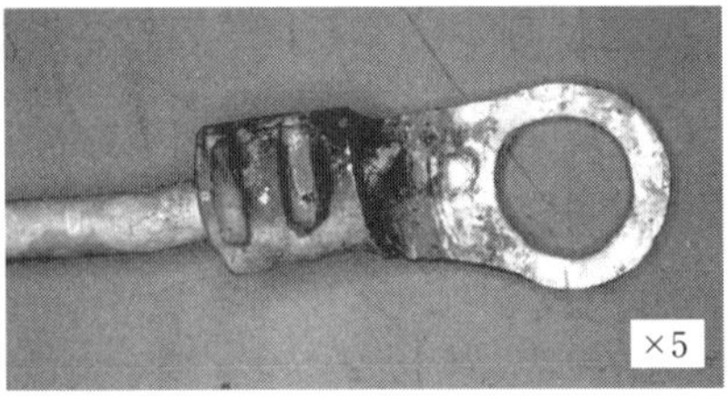

写真 3　圧着端子に刻印の痕跡が確認されない

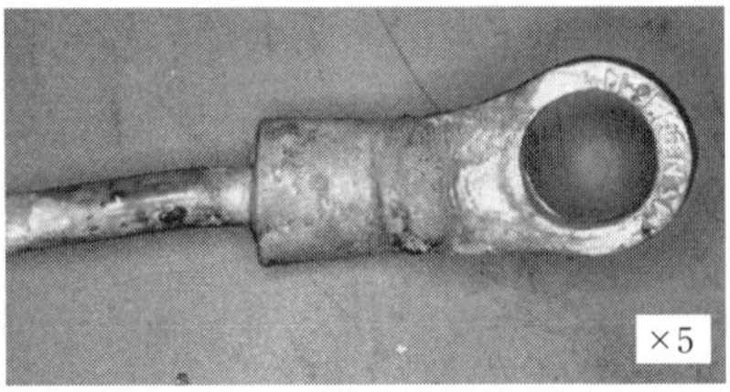

写真 4　端子接続部の接触状況

写真 5　IV ケーブルと圧着端子の接触断面

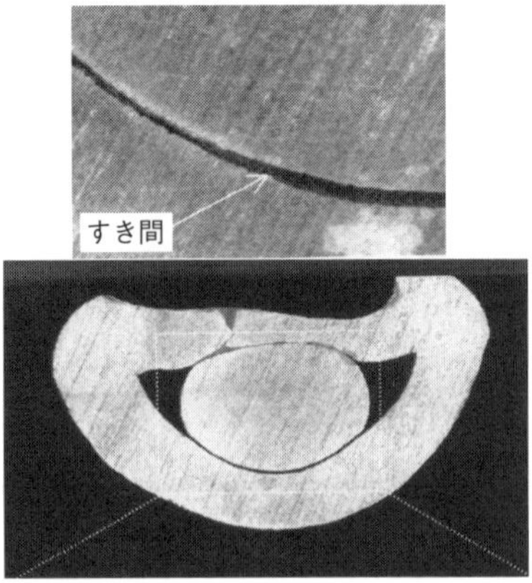

で接続部が劣化サイクルに移行し、焼損につながったと判断できる(**写真5**)。

5）の赤熱現象の発生の有無について、写真に示すように溶融痕部位に黒色の酸化銅が発生していることから、明らかに赤熱現象が発生したと判断できる。約1 100℃を超える過熱が起こるため、端子台の絶縁破壊が発生し、焼損、短絡につながったといえる。

【5】結論

調査結果に示すとおり、接続作業において明らかにIV電線と圧着工具、圧着端子の不適合であり、これが接続部に経年劣化をもたらし、焼損、短絡を引き起こしたと判断できる。

【6】防止策

本件の電気設備の施工は、相当の熟練者が行ったと思うが、5年ごとに改正される「電気設備に関する技術基準を定める省令」や内線規程、JISなどに対する新しい技術の認識不足によって発生した事故といえる。したがって、電気設備を施工する技術者は、これらに対応した技術はもちろん、関連する電気法規の理解が必要である。

参考までに、本件の事故原因に関連した圧着工具、圧着端子は内線規程第1335-7で詳細が決められている。

14 低圧配電盤内で発生した事故

【1】概要

電気室内の低圧配電盤に設置された動力用配線遮断器とケーブルとの接続部で焼損、溶断したことによって電源系統がダウン。工場内の電気設備に多大な影響が生じた。

【2】事故の状況

低圧配電盤(三相3線、200 V)の端子台に接続されたCVTケーブル(直径 $60\ \mathrm{mm}^2$)の丸形圧着端子の舌部が破断。さらに、端子の根元部分でケーブルが溶断した。端子の圧着部分には端子自体が溶融した楕円状の溶融痕が発生している。また、端子台やCVTケーブルシースも炭化し、この部位で1 200℃以上の発熱があったと推定される(**写真1、2**)。

【3】原因の推定

溶断した端子と焼損したCVTケーブルをX線および顕微鏡で調べ、以下の調査方法で原因を推定することとした。

1) 焼損端子およびケーブルの溶断部位のX線による成分分析からの推定
2) 焼損端子内部の顕微鏡観察による発生原因の推定
3) 圧着端子とケーブルとの適合性についての検証
4) 端子接続部の締めつけトルクについての検証
5) 締めつけトルクの相違と、端子台導電板からのボルトの「出しろ」からの推定
6) 締めつけトルクの違いによる接触抵抗と温度上昇からの推定
7) その他

【4】調査結果

原因を推定した調査方法に基づき、検証した結果は以下のとおりである。

1)は写真1、2に示すとおり、接続端子部の焼損、溶断、溶融痕の状況は銅の溶融温度を超える高温が発生したものと判断できる。特に、溶断した

部位には黒色化がみられることから、亜酸化銅が生成されたと思われる。

なお、この部位での成分分析をX線分析装置で行った結果、**第1表**に示すとおり、主に銅成分が炭化したものと確認できる。

2）の圧着端子舌部の溶断部位をX線で分析した結果、銅以外の鉄成分が含まれていることから、ワッシャーやボルトが溶融していることも確認できる。この結果を**第2表**に示す。

3）の圧着端子と圧着工具の適合性について、使用品と未使用品を除いてCVTケーブルを圧着端子に接続した断面で顕微鏡観察およびクリンプハイトを計測した結果、適合していることが確認されている。

この状況の参考例を**写真3**に示す。

写真1　焼損部の溶断状態と圧着部断面の炭化状況

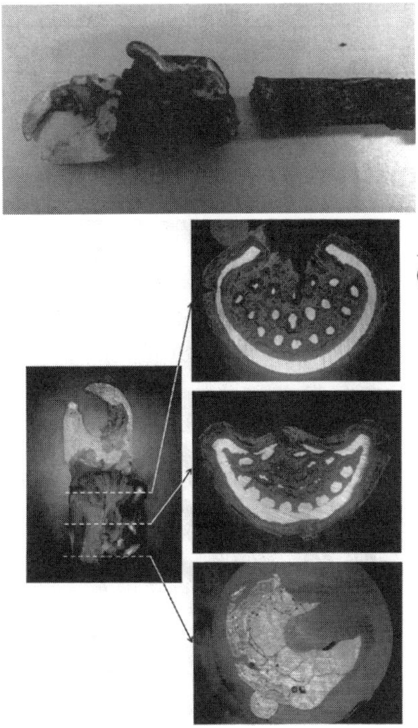

写真2　CVTケーブルの溶断状況（拡大）

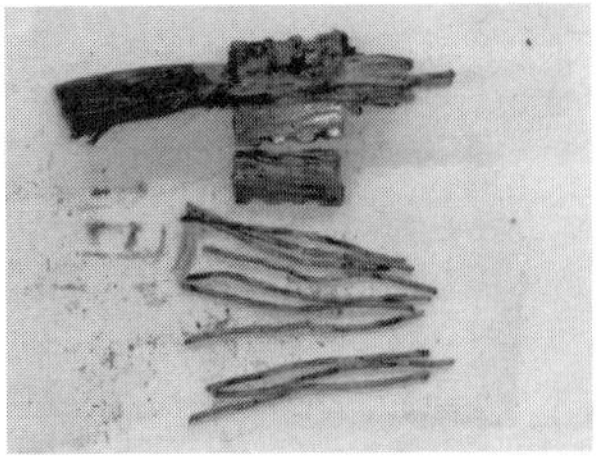

第1表　溶融部分のX線による成分分析結果

含有物	含有量〔%〕	備考
銅	79.1	端子、導電板
鉄	12.5	ワッシャー、ボルト
亜鉛	7.9	導電板
ニッケル	0.3	導電金具のメッキ
すず	0.2	端子のメッキ

第2表　圧着端子舌部のX線による成分分析結果

含有物	含有量〔%〕	備考
銅	63.8	端子、導電板
ニッケル	18.4	導電金具のメッキ
亜鉛	11.2	導電板
塩素	3.1	電線被覆
すず	2.4	端子のメッキ
カルシウム	1.1	電線被覆

4）の端子接続部の締めつけトルクの適合性については、締めつけ用ボルトのねじ山の変形状況から確認することが有効で、焼損した端子と未使用品の端子を用いて締めつけトルクの違いによる変形状況を確認した。

その結果、焼損した端子側のねじ山は1つが完全につぶれ、ワッシャーも消失。未使用品と比較した場合、変形量に大きな違いがある。これは締めつけ時の過大な締めつけトルクと熱応力でねじ山が変形したものと判断される。

写真3　CVTケーブルの圧着断面とクリンプハイト

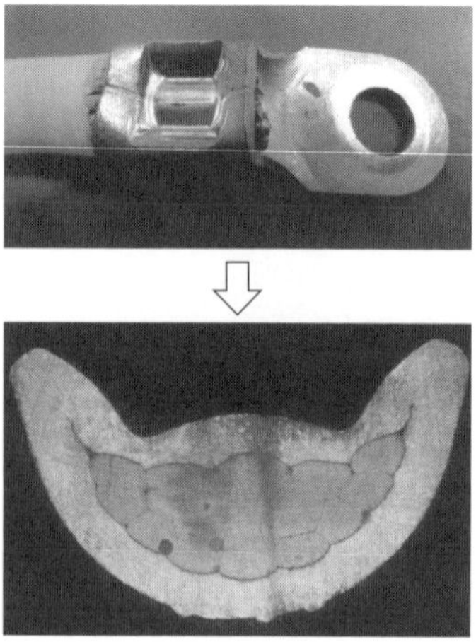

写真4　指定値の10.5Nmで締めつけた状態

写真5　手で締めつけた状態

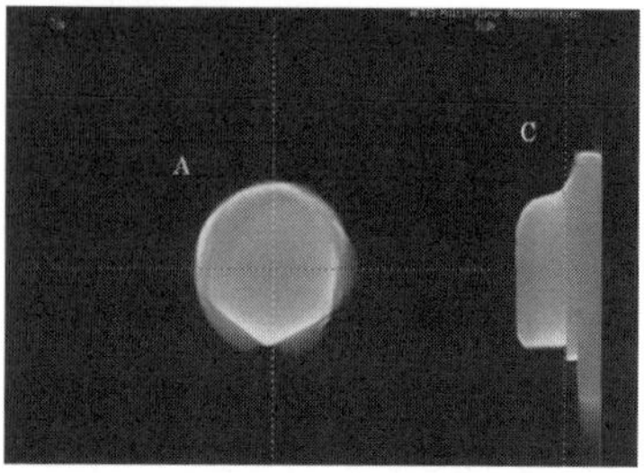

写真6　「出しろ」が2.0mmほど短い状態

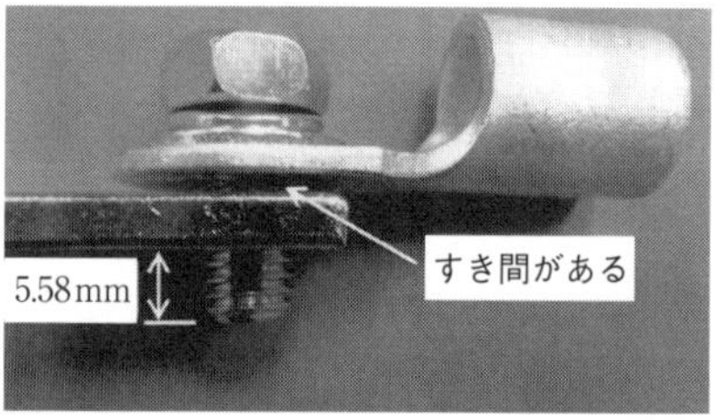

第3表　締めつけトルクと総合抵抗の測定結果

締めつけ力〔Nm〕	総合抵抗〔mΩ〕
10.5Nm（端子 R60-8）	0.0607
13.5Nm（端子 R60-8）	0.0593
6.2Nm（端子 R60-8）	0.0657
手締め（端子 R60-8）	0.1435
10.5Nm（端子 R60-10）	0.0589

5）の焼損した端子台導電板とボルトの「出しろ」が左右で異なっていることから、締めつけトルクの相違による「出しろ」の違いを検証した結果、指定されたトルクで締めつけた場合に対し、締めつけトルクが6.2 Nmの場合や手締めでは「出しろ」が0.6 mmほど短いことが確認された。これはワッシャーとナット間に空隙がみられることからも明らかである。

なお、事故現場において焼損した端子台導電板とボルトの「出しろ」について調査した報告では、2 mmほど短いことが確認されている。したがって、これが施工当初からの状態（**写真4～6**）であれば「締め忘れ」があったと判断することができる。

6）の締めつけトルクと接続抵抗の違いや接続部の温度上昇からの検証について、焼損した同タイプのCVTケーブル、圧着端子および端子台で検証した結果、締めつけトルクと総合抵抗の結果を**第3表**に、温度上昇試験結果を**第4表**に示す。

端子台のナットをトルクレンチで規定値で締めつけた場合と手で締めつけた場合では大きな差があることがわかる。温度上昇試験では、明らかに手で締めつけたほうが接続部の温度が高いことから、劣化につながる経年的な影響は大きいと推測される。

接続抵抗の測定方法を**第1図**に、接続部の温度上昇の測定方法を**第2図**に示す。

第4表　接続部の温度上昇結果

電流値	60A（現場の通電電流）〔℃〕	100A（BN100Wの定格電流）〔℃〕	150A（BN150Wの定格電流）〔℃〕
10.5Nm（端子R60-8）	28.0	34.1	44.0
13.5Nm（端子R60-8）	28.2	34.3	43.3
6.2Nm（端子R60-8）	27.7	33.8	43.9
手締め（端子R60-8）	33.8	48.3	70.6
10.5Nm（端子R60-10）	28.3	34.4	44.4
10.5Nm（BN100W）	28.2	34.2	43.6
10.5Nm（BN150W）	28.4	34.4	43.6
電線（IV60 mm^2）	27.8	33.3	41.5
室温	25.7	26.9	27.3

第１図　接続抵抗の測定方法

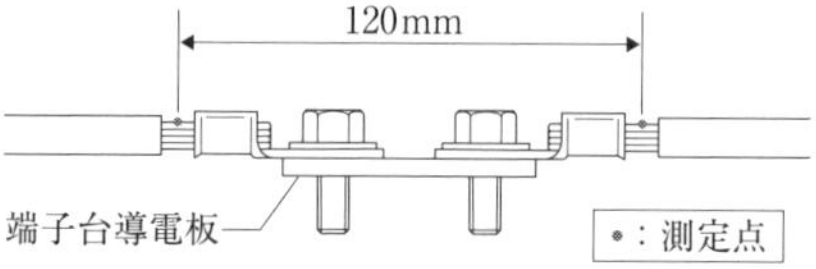

第２図　接続部の温度上昇測定方法

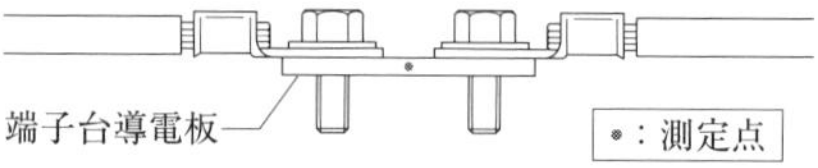

【5】結論

焼損事故原因は圧着端子と端子台の接続において、「緩み」により接触面で微小放電（シンチレーション）が発生。これが連続した微小放電に変わり、放電部位に亜酸化銅が生成して赤熱現象が起こり、1 100 ℃以上の発熱で圧着端子や CVT ケーブルの溶断につながった。

【6】防止策

トルクレンチやトルクドライバで端子台に圧着端子などを接続する場合（配線用遮断器を含む）、指定されたトルクで締めつけることは当然である。ただ、接続部の「緩み」を防止する手段として把握率（戻しトルク／締めつけトルク）を高めることが必要である。

本件の場合、指定トルクで「締めつけ～緩め」を3回ほど繰り返し、4回目でしっかりと締めつけることで「緩み」の発生する確率は極めて少なくなるといえる。いずれにしても、ヒューマンエラー防止と同時に、施工管理を確実に行うことが重要である。

15 分電盤の接続端子で発生した事故

【1】概要

分電盤内の電灯幹線（銅帯）と配線用遮断器との端子接続で焼損、溶断が発生。丸形圧着端子は舌部の半分以上が焼失し、根元部分ではケーブルが溶断。電灯系統の電力供給が停止した。

【2】事故の状況

写真１～４のように、圧着端子の舌部は半分以上が溶断した。また、圧着端子とケーブル（38 mm^2）の接続部で溶断し、溶断面や端子部には炭化した赤色部と黒色部が確認できた。

特に、溶断面の炭化状況から、この部位では銅の溶融温度以上の高温が

写真１　溶断した圧着端子とケーブル

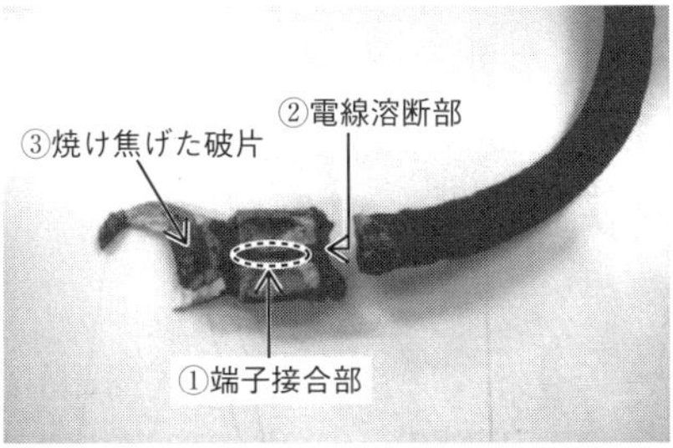

写真２　溶断した圧着端子の舌部

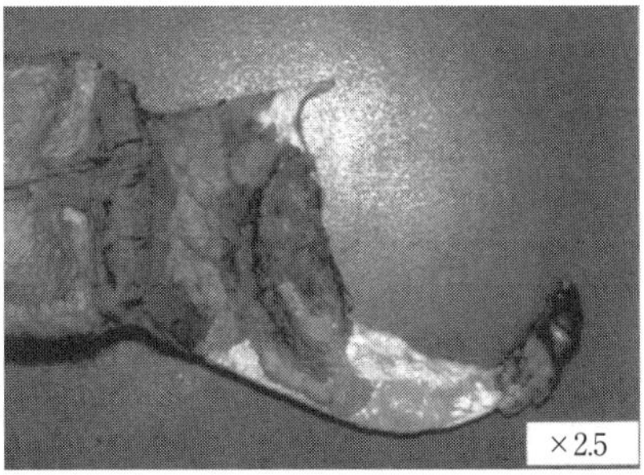

写真３　舌部の拡大した様子

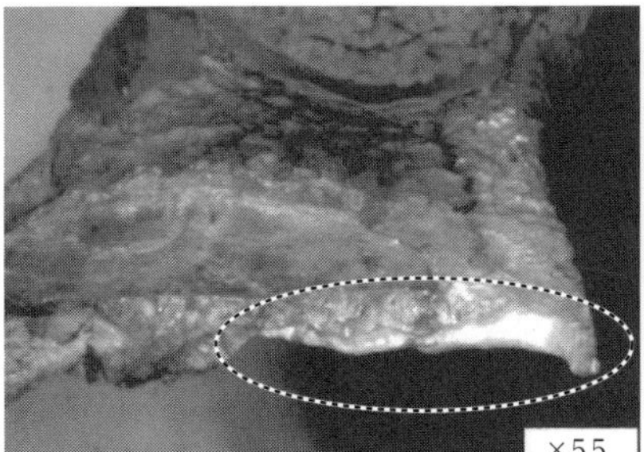

写真４　端子側の溶断面とケーブル側の溶断面

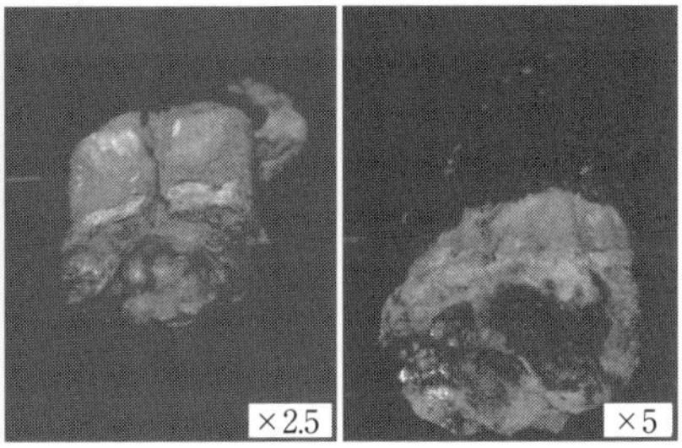

圧着端子の溶断面　　ケーブルの溶断面

発生したものと判断できる。

さらに、銅帯と接続していた圧着端子の取りつけ用ボルトのねじ山は広範囲にわたってつぶれていることから、ボルトに相当の締めつけ応力が加わったと推定される。

【3】原因の推定

写真１～４から、下記の調査方法で原因の検証を行うこととした。

1）焼損した端子部分のエネルギー分散形蛍光Ｘ線分析装置により、定性定量分析から推定する
2）圧着端子の溶断部分の電子顕微鏡観察による推定
3）圧着端子の取りつけ用ボルトのねじ山の変形要因からの推定
4）圧着端子と圧着工具、挿入電線との適合性についての検証
5）端子溶断面の赤色化した部位と黒色化した部位の状況からの推定
6）圧着端子の締めつけ用ボルトと銅帯との締めつけトルクの違いによる接触状況からの推定

【4】調査結果

【3】の６つの項目について、調査、検証した結果を示す。

1）の結果、**第１表**のように端子の接合部、電線の溶断部、焼けこげた破片の含有物質は、それぞれ主成分である銅が検出されている。なお、すず、銀は端子のメッキ成分や端子の接合に用いられた「ろう材」の銀成分が検出されたものである。

特に、写真２～４の黒色部は明らかに亜酸化銅で、赤熱現象が発生し、端子の焼失や溶断につながる高温(1 200℃以上)が発生したものといえる。

2）の結果について、写真１の溶断面が垂直に近い状態で溶断しているこ

第１表　圧着端子舌部の溶断部位の定量分析結果

分析箇所	含有物質		
	銅	すず	銀
①端子接合部	98.5%	—	0.8%
②電線溶断部	94.3%	1.6%	0.22%
③焼けこげた破片	99.5%	—	0.14%

と、さらに、写真4の溶断面の中心部付近に黒色化した亜酸化銅が確認されていることから、赤熱現象が発生したと推定される。特に、赤熱現象の特徴＝発生初期には接触不良部の銅導体の外部で発生した微小火花放電（青色）が連続した火花放電（赤色）に移行し、最終的にアーク放電に変わる。このとき、亜酸化銅の生成と増殖が始まり、徐々に銅導体の中心部へと進行する。写真1と4は、この特徴を示しているものと判断できる。

3）の検証結果について、一般に、締めつけトルクはボルト径に伴って指定されている。指定された締めつけトルクはねじ山に加わる応力（締めつけ応力、熱応力など）が互いの金属が持つ弾性限度内で締めつけられることが重要で、過剰に締めつけた場合、ボルトとナット、いずれかの金属の弾性限度を超えることになる。これにより塑性変形が起こり、接触面では応力緩和が起こる。これに伴って真実接触面積は減少する。

真実接触面積の減少は接続抵抗の増加につながり、接続部の劣化サイクルに移行。最終的に赤熱現象の発生要因となる。

つまり、ねじ山の変形状態を調べることで事故の原因解明に重要な手がかりとなる。

その結果、**写真5、6**のように、明らかにボルト側のねじ山は変形し、接続作業時の過剰な締めつけが焼損事故につながったものと推定される。

なお、今回のケースはボルト径がM8でナットは銅であることから、**第2表**のように締めつけトルクは6.15 Nmであるが、現場では一般的な締めつけトルクである12.3 Nm以上のトルクで締めたと思われる。**写真7、8**は過剰に締めつけた場合の接触状況である。特に、写真8では接触面が減少していることがわかる。これは接触面での応力緩和が起こりやすいことを示唆している。

4）は調査の結果、適合していることが確認された。なお、**写真9**に示すように、圧着端子の根元部分の素線には切断と思われる部分や、切断につながる多数の傷が確認できたことから、この部位での膨張、収縮の繰り返しが素線切れを引き起こす危険性もあり、これが赤熱現象の発生につながったことも考えられる。

5）の推定について、写真2～4のように赤色化した部位は酸化銅、黒色化した部位は亜酸化銅であることから、溶断面付近で赤熱現象が発生し、1 200 ℃以上もの発熱があることから、銅の溶融温度を超える熱により端子

写真5　ボルトのねじ山の変形状況

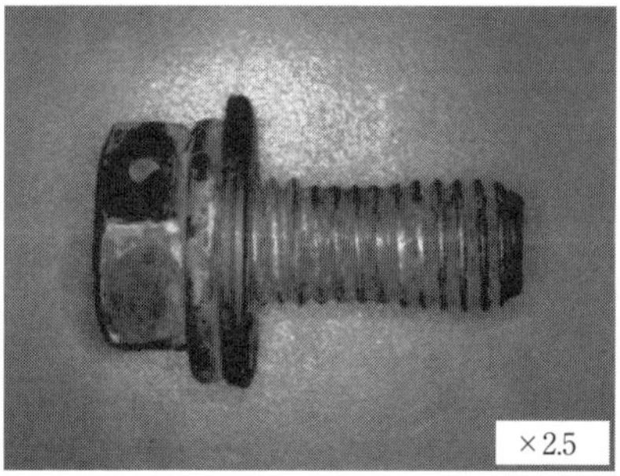

写真6　変形したボルトの断面

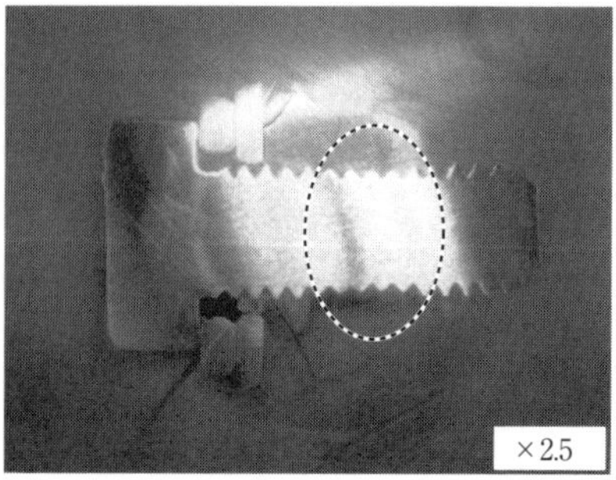

写真7　10.8 Nmで締めつけたボルト、ナットの接触状況

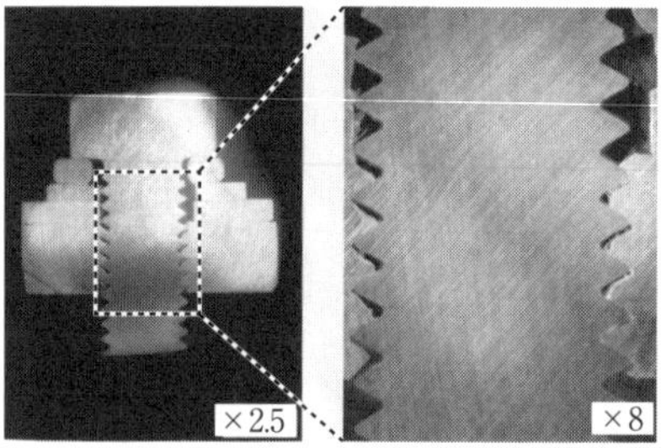

写真8　18.0 Nmで締めつけたボルト、ナットの接触状況

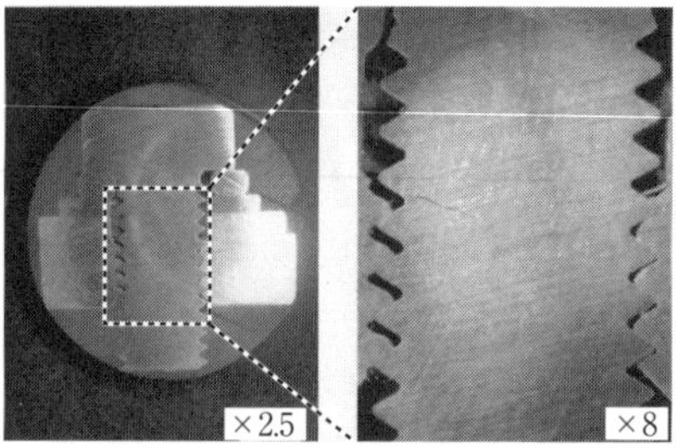

やケーブルが溶断したと考えられる。

6）の推定について、指定トルクの10.8 Nmで締めつけたボルト～ナット間の接触面と、18.0 Nmで過剰に締めつけたボルト～ナット間の接触面では、明らかに違いがあると判断できる。

写真9　圧着端子の根元部の素線

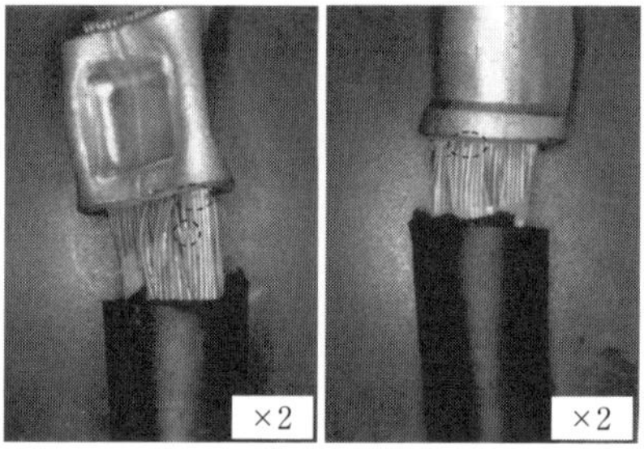

特に、金属には材質特有の弾性係数（ばね作用に相当）があり、これにより接続部の緩みの発生を防いでいる。つまり、過剰な締めつけを行った場合、ボルトとナットの接触面は減少し、ねじ山の先端部分に集中応力がかかっていることがわかる。これにより応力緩和（クリープリラクゼーション）が発生し、経年的な劣化につながる。

このような接続作業は適性なトルクで締めつけることが重要になる。特

第２表　締めつけトルクの規定

（参考値）

ねじの呼び径	T系列〔Nm〕	0.5T系列〔Nm〕	1.8T系列〔Nm〕	2.4T系列〔Nm〕
M1	0.0193	0.00966	0.0348	0.0464
(M1.1)	0.0272	0.0136	0.0489	0.0652
(M1.2)	0.0369	0.0184	0.0664	0.0885
(M1.4)	0.0578	0.0289	0.104	0.139
M1.6	0.0853	0.0427	0.154	0.205
(M1.8)	0.129	0.0643	0.231	0.308
M2	0.174	0.0869	0.313	0.417
(M2.2)	0.229	0.115	0.412	0.550
M2.5	0.356	0.178	0.641	0.854
M3	0.634	0.317	1.14	1.52
(M3.5)	0.997	0.498	1.79	2.39
M4	1.48	0.738	2.66	3.54
(M4.5)	2.14	1.07	3.84	5.13
M5	2.98	1.49	5.37	7.16
M6	5.07	2.53	9.12	12.2
(M7)	8.50	4.25	15.3	20.4
M8	12.3	6.15	22.1	29.5
M10	24.4	12.2	43.8	58.5
M12	42.5	21.2	76.5	102

注：基準軸応力：210〔N/mm^2〕、有効断面積（JIS B 1082）、有効桁数を３桁に丸めた換算値

に、電流が集中する接触面では締めつけ応力に加えて熱応力が働くため、緩みが発生しやすくなる。さらに、定期的な保守点検時には増し締めが行われることから、接続部の劣化は急激に進行することになる。

【5】結論

本件の焼損事故の原因は、端子のねじ山の変形にみられるように過剰に締めつけた接続部（指定トルクの約２倍で締めつけ）で急激な応力緩和を起こし、端子と銅帯間で「緩み」が発生。この部位の微小放電が赤熱現象につながり、端子の溶融やケーブルの溶断につながったと考えられる。

【6】防止策

電気機器や配線用遮断器などに端子を接続する場合、ボルト径やねじの金属材質を考慮し、指定されたトルクで締めつけること。さらに、接続時の「緩み」の発生を少なくする方法として、把握率（戻しトルク／締めつけトルク）を高めることが必要である（今回の実験では指定トルクで「締めつけ～戻し」を３回ほど繰り返し、４回目で締めつけることで把握率が高まることを確認した）。

16 照明設備で発生した事故

【1】概要

ショッピングセンターの天井部に取りつけた照明器具（直管LEDランプ埋込型ルーバーつき）が突然、消灯した。同一回路の照明も同時に不点灯となった。

その後も別回路で同様の状態が発生し、ほかのショッピングセンターでも同じような照明器具の不点灯が発生した。

【2】事故の状況

分電盤内の電灯回路を調べた結果、漏電遮断器が作動していることを発見。漏電によりトリップしたことが判明し、電灯回路に漏電が発生したか、照明器具内で発生したものか調べた結果、照明器具内の金属製ルーバーにVVFケーブルのビニルシースが接触。地絡が発生し、漏電遮断器が作用して不点灯につながったと判断された。

これは相次いで起こった別の回路、別のショッピングセンターでも同様の状況だった。

LED照明器具内の状況を**写真1**に、**第1図**に照明器具内の概略を示す。

【3】原因の推定

漏電事故の発生要因について、器具内の配線状況から以下のように推定した。

1）事故発生部位からの推定
2）照明器具内の構造、器具内の電源ケーブルの配線方法からの推定
3）照明器具の設置工事の問題点
4）電気設備に関する技術基準を定める省令（電技）、電気用品安全法からの推定

【4】調査結果

【3】の推定について、検証した結果を以下に示す。

1）の結果、器具外から挿入された電源ケーブル（VVF2.0 mm・3C）のIV

写真 1　LED 照明器具内の状況

第 1 図　LED 照明器具内の概略

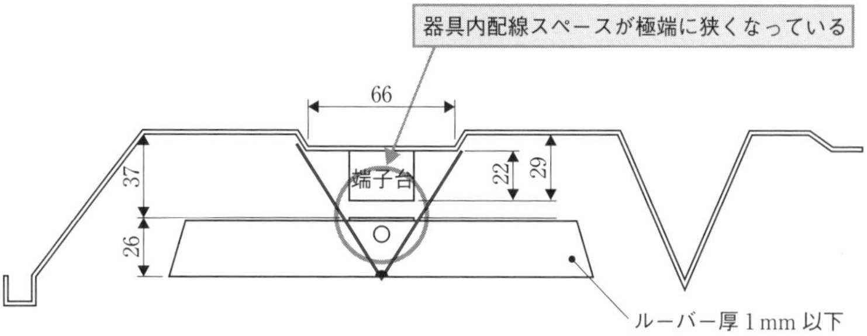

線（黒色のシーズ）に擦れで生じた変色部分と、その中央に「ヒビ割れ」が確認できることから、反射板を貫通しているルーバーに接触し、地絡に至ったと推定される。

これはケーブルの配線終了後、金属製ルーバーを取りつけるときに電源用端子台（差し込み型コネクタ）に接続する IV 電線のビニル絶縁シースが接触し、ここで LED 照明の点滅に伴う温度変化（ジュール熱や周囲温度などの温度サイクル）が IV 電線の膨張～収縮につながり、ビニル絶縁シースを摩耗したことが地絡の原因と考えられる。

2）について、本件の照明器具は VVF ケーブルの引き込み口から IV 電線で接続される LED 照明の電源端子間が狭く、さらに金属製のルーバーを取りつけることで配線スペースが狭小になるうえ、IV 電線を電源端子台に垂直に差し込まなければならない。また、配線後にルーバーを取りつけるため、IV 電線とルーバーとの接触を避けることは極めて困難な状況にあった。

また、ルーバーとの接触を避けるために IV 電線を強引に折り曲げて電源端子台に接続した場合、接触不良を起こして電気火災につながるリスクもある。

したがって、このような構造の照明記事に配線する場合は特別な指示書が必要になる。

3）について、前述で指摘したとおりに照明器具内の配線作業には多様な注意が必要になる。これらを怠った場合、予想されるトラブルを防ぐための作業指示書が不明確であった。特に、このような事故は経年劣化によって発生するため、施工後、すぐに不良を検出して確認することは困難といえる。

4）について、電技の第59条に「電気使用場所に施設する電気機械器具は、充電部の露出がなくかつ、人体に危害を及ぼし、又は火災が発生する恐れがないように施設しなければならない（以下省略）」とあり、照明器具内での充電部の露出は規定違反となる。

また、電気用品安全法の別表8では「供用期間中、発煙、発火等の火災に関連する故障が発生しない設計であること」とあり、本件のように器具内で地絡事故の発生が起こることは構造上の改善が必要である。

【5】結論

本件の事故発生要因は器具内の狭小、さらに金属製ルーバーの取りつけ方法や電源端子台への接続方法に考慮が必要であった。

また、作業者には事故が起こりうる条件を考慮した作業指示書が必要であった。

【6】防止策

器具内配線において、電源とコネクタの接続作業を容易にすること。電源と金属製部品に接触するリスクがある場合は、絶縁保護材で保護すること。作業ミスにより起こりうるトラブルを考慮した作業指示書により、作業者への指導を徹底することが重要である。

17 医療施設で発生した事故

事故例①

【1】概要

本項では大規模な医療施設で発生した3件の事例を紹介する。

ヒートポンプチラー（三相3線・200 V、約59 kW）から漏電遮断器（ELCB）に接続するためのLMFC100 mm^{2}のケーブルで中間端子台に圧着端子で接続。この圧着端子の根元部分でケーブルが溶断した。

猛暑のなか、突然、医療機関の冷房設備が停止したことで各所に大きな影響を及ぼした。

【2】事故の状況

遠隔監視装置に異常警報が発し、冷温水ポンプが停止。原因を調査したところ、**写真1～3、第1図**に示すようにヒートポンプチラーの電源につながる中間圧着端子のT相端子の根元部分が焼損により溶断、ELCBも焼損した。ただ、ELCBはトリップした形跡もないことから、2線短絡や3線短絡によるものと推定される。このため、病院内の冷房システムは停止し、早急な対応が必要となった。

なお、通常運転時はLMFC100 mm^{2}の許容電流（423 A）に対し、負荷電流は約44 %（186 A）であり、過電流よる過熱焼損は考えられない状況であった。

【3】原因の推定

写真1、2の状況と焼損したELCBが過電流により遮断した形跡がないことから、事故原因は以下のように推定される。

1）ヒートポンプチラー設備内で発生した地絡
2）ELCBの負荷側で発生した相間短絡
3）圧着端子とケーブルとの適合性、接続方法の問題点

写真1　焼損したELCBとブロック端子

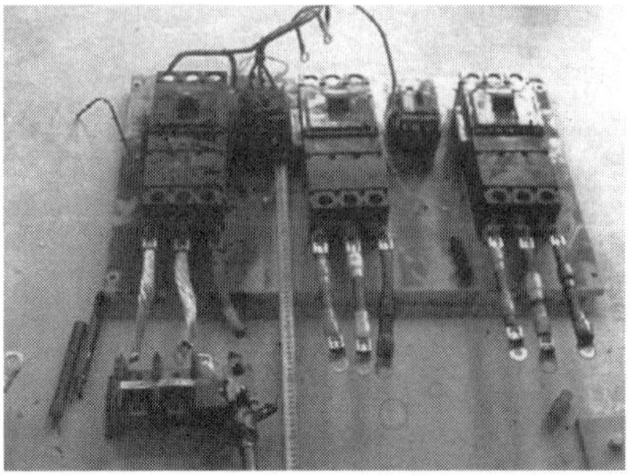

写真2　焼損したブロック端子と溶断したケーブルの状況

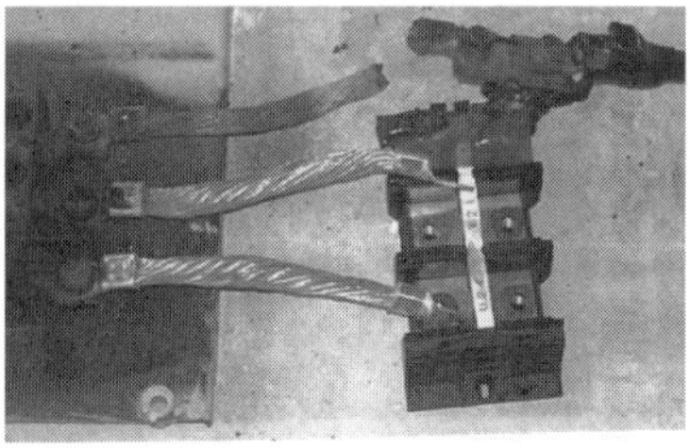

写真3　焼損したブロック端子の拡大状況

第1図　ヒートポンプチラーとブロック端子、ELCBとの関係概略

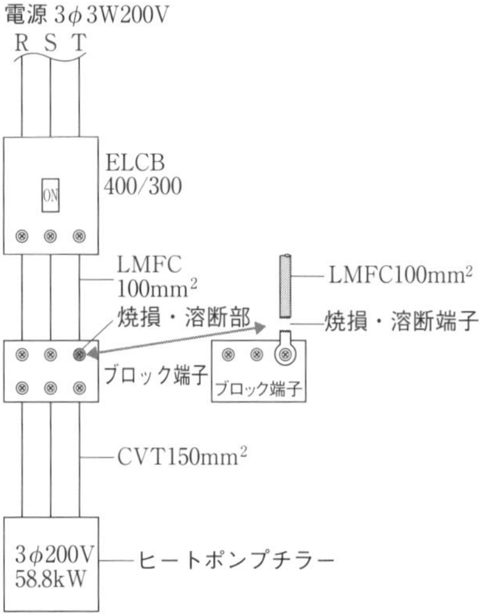

4）圧着端子とブロック端子との接続部における事故発生要因についての検証

5）圧着端子およびケーブルの溶断面からの推定

6）ELCBの焼損原因の推定

【4】調査結果

1）について、ELCBの地絡用の動作表示ボタンが動作を示していないこと、遮断器がトリップしていないことから、地絡事故の発生はなかったものと判断できる。

2)は、前述の1)と同様、遮断器が過電流でトリップした形跡がないこと

写真4　LMFC100mm^2 の溶断面

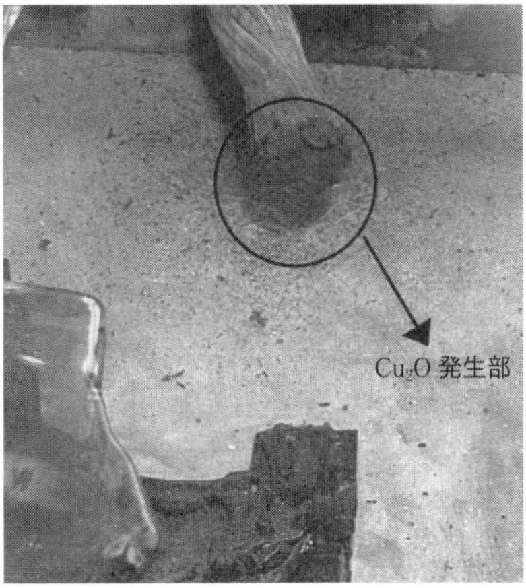

写真5　圧着端子側の溶断面

から短絡事故によるものではないと判断できる。

3）について調査した結果、端子サイズと LMFC100 mm^2 との接続は適合しているが、溶断部位の近くに数本の素線切れが確認された。なお、素線切れのなかには針状に伸びて溶断したものも確認された。これが接続作業時に生じたものかは不明である。仮に、素線切れが絶縁被覆の剥ぎ取り作業時やケーブル挿入時に生じたものとすれば、この部位で微小放電が発生し、赤熱現象につながったことも考えられる。

4）について圧着端子とブロック端子間の「緩み」を検証した結果、微小であるが左右に「ずれ」が確認された。このことから、この部位で「緩み」による接触不良が発生。接続部の劣化現象につながり、最終的には赤熱現象に移行したことも考えられる。

5）について、**写真4**に示すようにケーブルの溶断面には黒色化した亜酸化銅が全体に広がっていて、赤熱現象によって溶断した特徴を示している。

また、**写真5**の圧着端子側の溶断面が垂直状になっていることも赤熱現象によってできたものと推定できる。

【5】結論

本件の事故原因は圧着端子と LMFC100 mm^2 を接続するときの数多くの素線切れや、接続部の応力緩和によるものと思われる圧着端子とブロック端子台間の「緩み」で接触不良が発生。これが引き金となって溶断面に示すような亜酸化銅の増殖を伴う赤熱現象を引き起こし、発生部位では 1 200 ℃

以上の高熱によりブロック端子はもちろん、ELCBの焼損につながったと考えられる。

【6】防止策

ケーブルの絶縁被覆を剥ぎ取るときは素線切れに注意すること、さらに、より線を圧着端子などに接続するときも同様である。

また、圧着端子とブロック端子間の接続では指定された締めつけトルクで3回ほど締めつけ〜戻しを繰り返したあと、4回目で締めつけて把握率P(戻しトルク／締めつけトルク)を高めることが必要である。

事故例②

【1】概要

特高受電の主受電設備からサブ変電所に6 600 Vの高圧ケーブル（トリプレックス架橋ポリエチレンケーブル、CVT)を地中配電で供給している電路の途中で地絡、短絡が発生し、電力供給がストップした。

医療設備のため再発は確実に抑える必要があり、原因の解明は慎重に行い、なおかつ、早急な対応が迫られた。

【2】事故の状況

事故の前兆と思われる地絡過電圧が発生し、異常を確認したが電力の供給に支障がなかったため、引き続き電力供給が行われた。

しかし、数時間後、地絡方向継電器が作動し、サブ変電所の主遮断器である磁気遮断器(MBB)がトリップ。医療棟への電力供給が停止した。

直ちに原因調査のために外観点検を行ったが、異常がなかったことからCVTケーブルの絶縁測定を行ったところ、3相のうち2相が対地間の絶縁

写真6　絶縁破壊の発生したCVTケーブルの状況

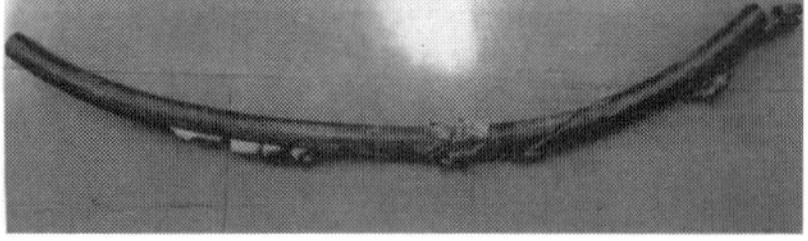

第2図　トリプレックス架橋ポリエチレンケーブルの断面図

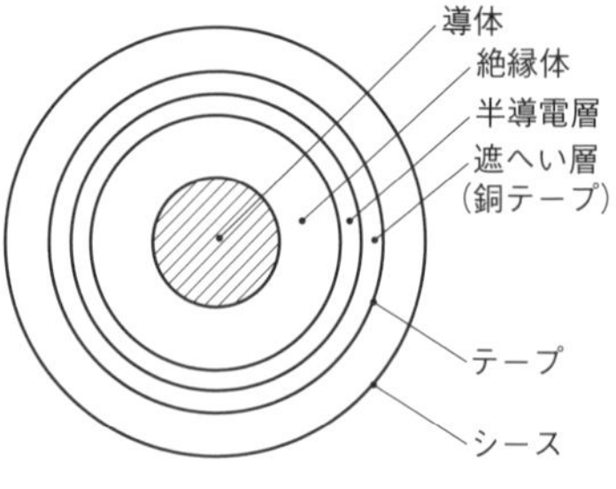

抵抗が0MΩであり、完全地絡が発生したと判断された。

このため、地中電路を調査した結果、**写真6**のようにCVTケーブルの絶縁破壊が地絡、短絡を引き起こし、地絡方向継電器が作動。MBBがトリップしたものと確認された。なお、**第2図**にCVTケーブルの断面構造図を示す。

【3】原因の推定

CVTケーブルの絶縁破壊の発生要因として考えられることは、外的要因としては絶縁材に外部からの機械的加圧力により絶縁シースが損傷し、絶縁低下により発生したケースと、架橋ポリエチレンに水トリー現象(外部水トリー、内部水トリー)が発生し、絶縁破壊につながったケースとが考えられる。ここから発生原因を推定することとした。

1）CVTケーブルの施設履歴と耐用年数からの推定
2）CVTケーブルの耐電圧試験による絶縁性能評価からの推定
3）短絡部位の顕微鏡観察による推定
4）短絡痕発生部位のX線CT撮影による推定
5）保守管理における事前検査と判定との関連
6）文献などからの発生原因の推定

【4】調査結果

1）について、CVTケーブルは地中電路として敷設から25年以上も経過し、ケーブルの耐用年数は20年とされていることから、絶縁材の経年に伴う絶縁低下が起こったことが考えられる。特に、地中電路はピット内の雨水によって水没している部分もあり、環境条件は良好とはいえない状況であった。

2）について、耐用年数を5年以上も超えていることから、耐圧試験でケーブルの耐電圧を検証する必要がある。6 600 Vの高圧ケーブルであることから、少なくとも最高使用電圧の1.5倍の電圧で、連続通電で10分以上の耐電圧が必要になる。

専用の実験装置(**写真7**)で検証した結果、絶縁破壊が起こった相のCVTケーブルの一部で、2 000 Vの耐電圧で絶縁破壊が確認された。この様子を**写真8**に示す。

写真7　耐電圧試験装置

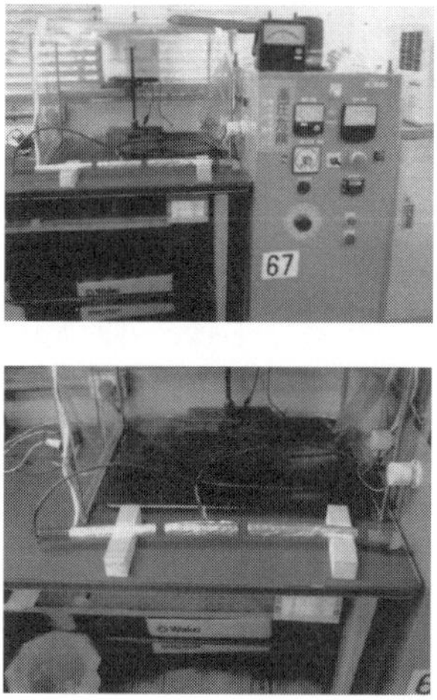

写真8　CVTケーブルの耐電圧試験結果

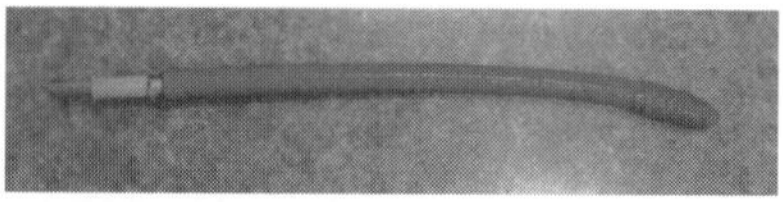

絶縁破壊電圧　2 000V

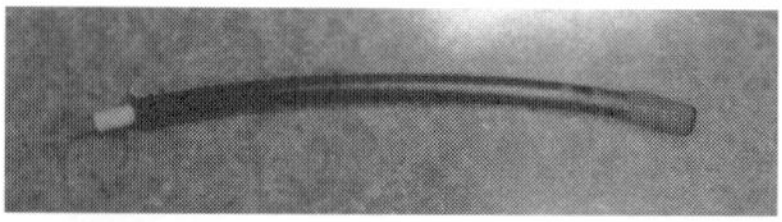

絶縁破壊電圧　19 000V

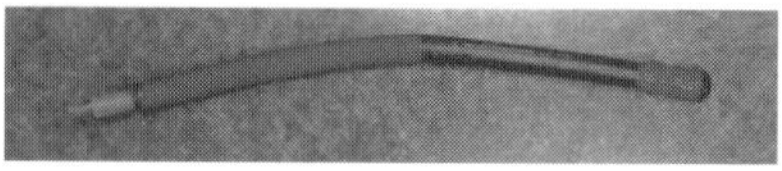

絶縁破壊電圧　18 400V

写真9

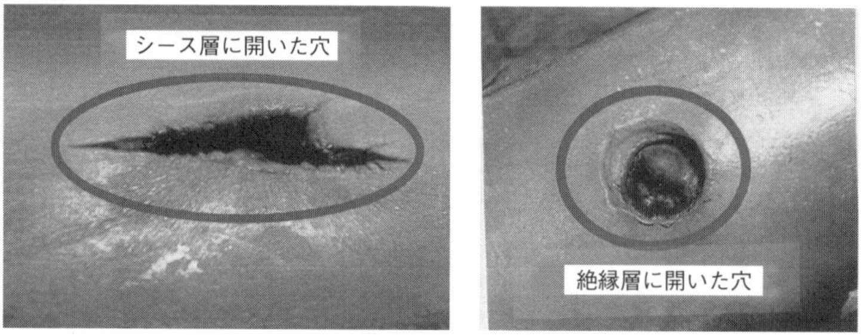

a）T相にできた凸型溶融痕　　b）S相にできた凸型溶融痕

したがって、事故原因はCVTケーブルの一部に急激な絶縁低下が起こり、この部位で絶縁破壊が発生したと判断される。

3）について、T相とS相の導体に生じた半球状の凸型溶融痕は遮へい層の銅テープ側が溶融したもので、遮へい層の銅テープ側は凹型となるべきところ、穴状になったものである。したがって、T相かS相のいずれかから生じた遮へい層の銅テープへの地絡はT相とS相間で短絡に至ったものと考えられる。

写真9にT相、S相にできた凸型溶融痕を、**写真10**には穴の開いたCVTケーブルと遮へい層の黒色化した状況を示す。

4）について、焼損内部を確認するためにX線CT撮影を行い、ケーブル

写真 10　穴の開いた CVT ケーブルと遮へい層の状況

写真 11　短絡発生部位（穴状部位）の X 線 CT 撮影の状況

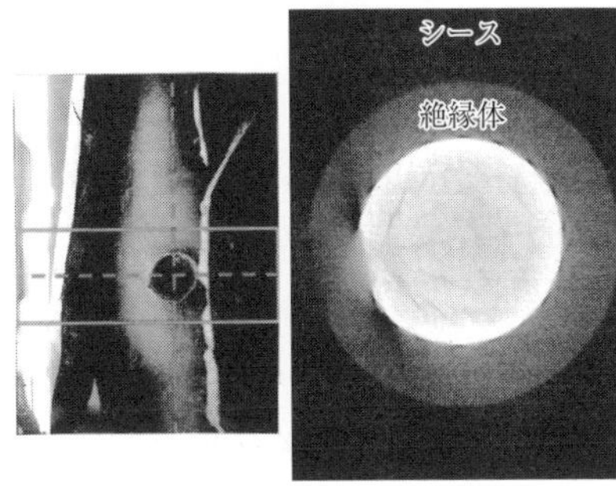

写真 12　短絡に伴って導体内部まで浸食した状況

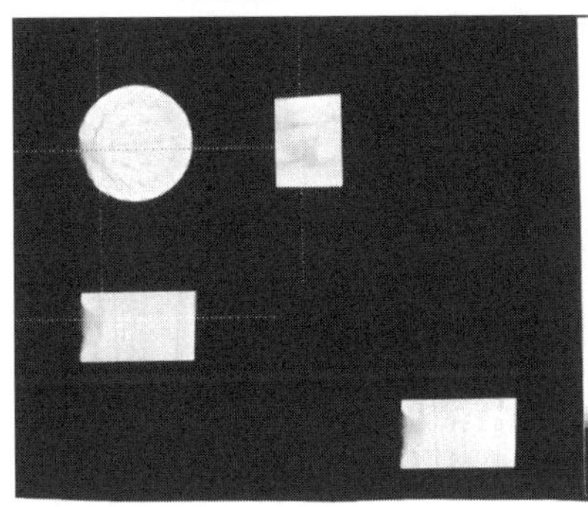

内部の確認を行った結果、穴状の部位は電線シースおよび絶縁体、さらに、銅体表面まで達していることが確認された（**写真 11、12**）。

これらの状況から、絶縁体内部で発生した外導水トリー（外部半導電層を起点として発生し、内部半導電層に進展する水トリー現象）によって絶縁破壊が起こり、T-S 相間で短絡に至ったものと判断される。

なお、内導水トリーとは内部半導電層を起点として発生し、外部半導電層へ進展する現象である。

5）について、水トリー現象と直流漏れ電流は架橋ポリエチレン本来の商用周波数電解における絶縁破壊強度は 300 ～ 400 kV である。実際の高圧 CV ケーブル（6 kV）の雷インパルス耐電圧値は 95 kV/mm で、商用周波長時間耐電圧値は 35 kV/h の絶縁耐力を持っている。

したがって、直流10 000 Vの電圧を印加しても、水トリーが発生したケースでも絶縁層を完全に貫通していなければ現場での測定可能な漏れ電流値としては表れない場合がある。

6）について、CVTケーブルは一般に1985年ころまでに製造された内部半導電層押し出し式、外部半導電層テープ式のE-Tタイプのケーブルである。外部半導電層が毛羽突起（テープ表面に出ている繊維）により電解不整部が生じやすく、水トリー劣化が発生しやすいといわれている。また、このころの高圧CVケーブルはポリエチレンを架橋する方法として、架橋時の過熱加圧媒体は従来の16～20 kg/cm^{2}の水蒸気を使用し、加熱冷却媒体として水を使用する水蒸気架橋が広く実施されていた。

この水蒸気架橋は溶融状態の架橋ポリエチレン絶縁体に高圧力の水蒸気が溶融拡散し、これが冷却後、数μmから数十μmの大きさの微小水滴となって絶縁材に残存し、電気性能に影響を与えているといわれている。

1985年以降は乾式架橋が開発され、電気性能が向上していることから、本件の場合、絶縁性能の低下と水トリー現象の発生の危険性があったものといえる。

【5】結論

調査結果に示すとおり、事故原因は1985年以前に製造されたE-TタイプのCVTケーブルであったこと、ケーブルの耐用年数をはるかに超えていたこと、事故発生現場の地中電路が長年にわたって管路内に雨水がたまり、浸水状態のなかで施設されていたことなど、劣悪な環境にあったことが挙げられる。

このため、経年劣化に伴う絶縁性能の低下などが引き金となってX線CT撮影に示すような外導水トリーが発生し、地絡および短絡事故につながったものと判断できる。

【6】防止策

近年、6 kVのCVTケーブルは乾式タイプが使用されていることから、水トリー現象による事故例は減少しているものと思われる。

ただし、設備環境が劣悪な状態で使用されている場合、ケーブルの絶縁性能の低下は避けることができないため留意するようにしたい。

事故例③

【1】概要

本件はコンセントに接続された医療機器の差し込みプラグ近辺で発火したものと推定された火災である。これにより、多数の死傷者が出て新聞やテレビなどで報道された。

筆者は医療設備に必要な電気設備にからむ問題点から、火災原因について検証することとした(**写真 13**)。

【2】原因の推定

病院などの電気設備を施設する場合、法的な規制として電技の第4条に「電気設備は感電、火災その他人体に危害を及ぼし、また物件に損傷を与えるおそれがないように施設しなければならない」と規定され、また、第59条には「電気使用場所に施設する電気機械器具は充電部の露出がなく、かつ、人体に危害を及ぼし、または火災が発生するおそれがある発熱がないように施設しなければならない(以下省略)」とある。

さらに、内線規程の第3202-3「接地極付きコンセントなどの施設」の5項に「病院、診療所等において、医療用電気機械器具を使用する部屋に施設するコンセントは接地極付きのものを使用すること」と記され、注釈として「コンセントはJIS T 1021「医療用差込接続器」に適合するものを使用し、JIS T 1022「病院電気設備の安全基準」に基づいて施工するのがよい」とある。これに加えて、内線規程3202-4では接地極付きコンセントなどの標準選定例が示されている。

写真 13　火災現場の状況

電気設備を施工する者は、当然、医療設備室内のコンセントなどを施設するときは前述した規定は認識しているものと考えられる。

ただし、医療業務に携わる関係者が、接地極付きのコンセントが果たす役割（感電や漏電火災などの発生防止）を認識しているかは疑問である。コンセントを介して医療機器はもちろん、これらを処理するための事務機器などを接続する際、接地極の活用が必須であることの認識については万全だといえるだろうか……。

本件は、壁面コンセントには２極・接地極付きコンセントが設備されていたが、発火元と思われる某機器の電源用差し込みプラグは接地極付きではなかった。そのため、２極・接地極付きコンセントの上に接地極なしの変換用の２極プラグを取りつけ、その上から電源用差し込みプラグによって某機器に電力供給が行われていた。

したがって、トラッキング現象は沿面距離の短い接地極を介して発生したのではなく、２極間で発生したために漏電遮断は動作せず、電気火災につながったものと判断できる。

本件の火災原因は警察や消防関係者の見解では、某医療機器の電源供給部位であるコンセントの接続部で発生したトラッキング現象だと判断しているが、ほかの要因としてタバコの不始末によることも考えられるとして検証が行われていた。

【3】調査結果

筆者は最も激しい焼損部位や延焼状況から、コンセントと某医療機器との接続部でトラッキング現象が発生して火災につながったものと推定。特に、本件の場合は負荷容量の大きい某医療電気機器であったこと、電源用差し込みプラグが二重のコンセント（２極・接地極付きコンセントの上に接地極なしの２極変換用コンセントを取りつけ）を介して接続されていたことによって、それぞれの接続部の過熱に加えて、差し込みプラグの接続部の過熱がプラグ表面の絶縁低下をもたらし、トラッキング現象が発生。同時に２極間で短絡が起こり、火災につながったものと判断した。

【4】防止策

需要家に対してコンセントなどの接地極の果たす役割を理解しつつ、二重コンセントの取りつけによる電力供給は避けることが必要である。

18 大規模工場の分電盤で発生した事故

【1】概要

大規模工場の分電盤内で火災が起こり、主遮断器や分岐開閉器が延焼した。焼損した分電盤は、すでに廃棄されたあとに原因解明の依頼を受け、焼損時の写真などから原因を推定することとした。

【2】事故の状況

分電盤内部は充電部保護カバー（PVC製）で鉄製の中扉&外扉という構造で、結束された電線および配線用遮断器などは全焼に近い状況であった。

特に、当該工場は周囲温度が高く、各分岐回路の配線用遮断器に流れる電流は定格電流に近い状態で稼働したものと思われる。

焼損した電線類は溶着炭化が激しく、心線がむき出しになっている部分もある。幹線の銅バーの緑青《ろくしょう》化が進み、かなりの高温にさらされたものと判断できる。この状況を**写真1～4**に示す。

【3】原因の推定

本件は海外で発生した事故のため現物の分析は不可能であり、写真から事故時の状況を推定した。

1）各分岐回路には、定格電流20Aの配線用遮断器に通常時で21Aを超える電流が流れていた。ただ、配線用遮断器は定格電流の113％（22.6A）ではトリップしないという（メーカーに問い合わせたところ、事故時の周囲温度については不明）。いずれにしても、分岐回路には過電流が流れていたことは容易に判断できる

また、主遮断器を含めて分岐回路数は21回路であり、さらに、同じ分電盤下部に別系統の主遮断器を含めて11個の分岐回路がある。それぞれの分岐回路には過電流に伴う異常過熱が発生したものと推定される

2）分電盤内には2系統の分岐回路（30回路）があり、配線用遮断器の二次側から負荷へ供給する電線数は60本となる。これらの電線は分電

写真１　分電盤内に結束状態で引き込んだケーブルと焼損状況

写真２　分岐回路用の銅バーと配線遮断器の焼損状況

盤内で結束配線されていたことから、内部では干渉発熱が発生して高熱化による絶縁性能の低下を引き起こし、最終的に電線相互間でトラッキング現象が起こって電気火災につながったと推定される

3）電線やケーブルを結束して配線する場合、結束数や温度環境に応じた通電電流の考慮が必要であることから、干渉発熱により発火したものと推定できる

【4】調査結果

分電盤内に設置された分岐回路数（30回路）と分岐回路の通電電流が常に定格電流を超えた状態であったこと、さらに、負荷に供給する電線が結束配線であったことなどから、結束部に発生した干渉発熱が電線相互間でトラッキング現象を引き起こし、火災につながったものと判断できる。

写真３　分電盤内が全焼状況

写真４　分電盤内の下部に設置された分岐回路の焼損状況

【5】結論

本件の事故原因は多数の電線を結束配線し、さらに、許容電流に対して過電流状態で負荷に供給したことが事故につながったものといえる。

【6】防止策

電線やケーブルを結束配線する場合は電線の許容電流に対し、結束数に応じた電流減少係数を考慮する必要がある。

19 配線用遮断器の短絡事故

【1】概要

大規模工場内の生産用動力開閉器（MCCB、3ϕ4 W、380 V、400 A）の電源側の接続部付近で短絡事故が発生。工場内の生産ラインが全停止することになった。

短絡事故の発生した分電盤は短絡時に発生したアーク放電で引き起こしたと思われる溶融痕や、褐色に変色した分電盤表面の状況から事故の激しさが判断される（**写真1**）。

【2】事故の状況

多数の変圧器を抱える大規模工場内の変圧器（Δ-Y 結線、3ϕ4 W、380 V）の二次側に取りつけた主遮断器である生産用動力開閉器が短絡し、変圧器の一時側の負荷開閉器（LBS）もトリップした。これにより、この系統の生産ラインが全停止した。

また、大規模工場のため、電力会社からの専用回線で受電していたことから、ほかの需要家への波及事故には至らなかったが、電力会社の保護継電器が作動したため工場全体が給電停止に至った。焼損した分電盤の状況を**写真2**に示す。

【3】原因の推定

焼損した MCCB の一次側端子近傍を中心に、溶断部分を X 線 CT 撮影、

写真1　分電盤の表面にできた溶融穴と焼損状況

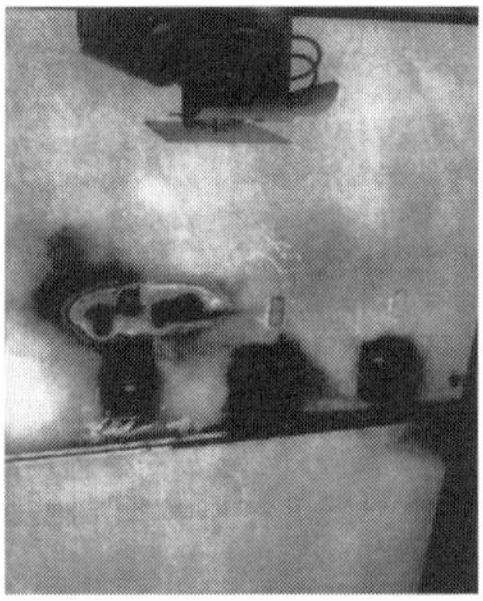

写真2　短絡事故が発生した MCCB の状況

顕微鏡観察、溶融痕の成分分析、絶縁測定などにより下記の方法で原因解明を試みた。

1）分電盤内の焼損状況および現場の状況からの推定
2）MCCBの内部、外部の焼損状況からの推定
3）MCCBの一次側接続部について、X線CT撮影、顕微鏡観察による解明
4）焼損部位での亜酸化銅(Cu_2O)の有無についての検証
5）溶融痕の成分分析からの検証
6）MCCB接続端子間の絶縁測定からの推定
7）MCCBの盤内取りつけ状況と技術マニュアルとの適合性の検証
8）類似した事故例や文献などからの推定

【4】調査結果

【3】で挙げた項目について、調査、検証した結果を示す。

1）について、**写真3～6**に示すように相間短絡はR-S相で発生、さらにS-N間、S-T間に移行し、短絡時に発生したアーク放電により接続部位に溶融痕、分電盤に溶融穴ができたものと推定できる。

特に、MCCBの一次側端子（**写真7**）と低圧母線との接続用の銅バー、R、S、T、N相のすべてが溶融焼失している。しかし、MCCBの接続端子部のセパレータは残存し、MCCB端子間での短絡は考えにくい。

したがって、溶融痕や亜酸化銅の発生が最も激しいわたり用銅バーと低

写真3　接続端子部の焼損状況

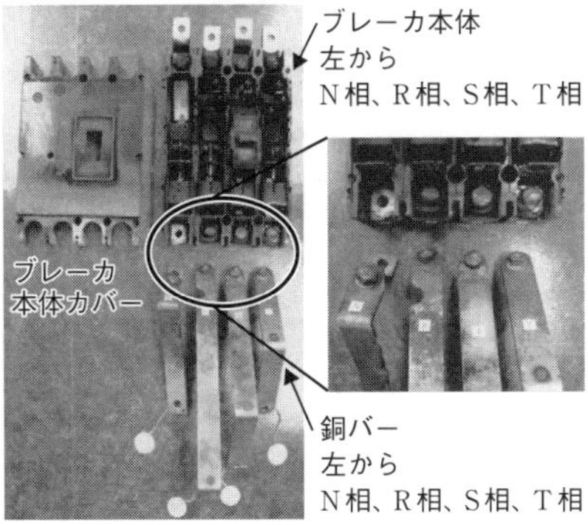

写真４　MCCB の各端子の状況

R相　　S相　　T相

写真５　各相の銅バー

R相　　S相　　T相

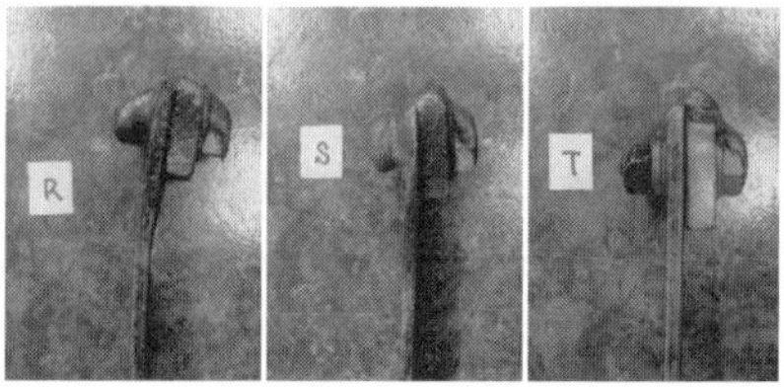

写真６　R 相の銅バー

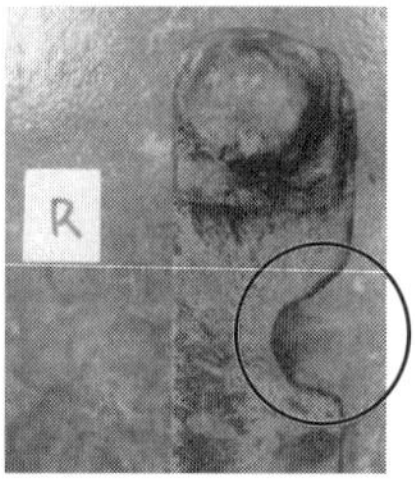

写真７　MCCB の接続部

ブレーカ本体側ボルト締めつけ部

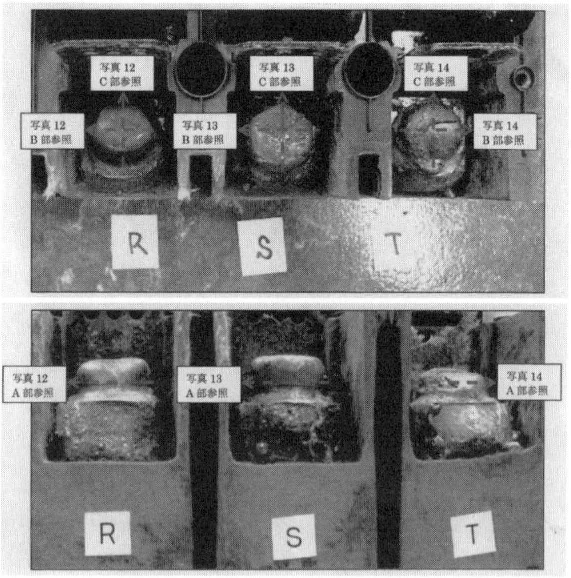

圧母線の接続用銅バーの接続部が発生原因と推定される。

2)について、MCCBを解体し、各極の開閉接点を詳細に観察した結果、R、S、T、N相の各接点には溶融痕はみられず、接触不良による微小放電の痕跡もないことから、この部位での発生は考えにくい。

3)について、MCCBおよび接続端子部の焼損状況、一次側低圧母線の接続用銅バーと、わたり用の銅バーとの接続部のX線CT撮影画像（**写真8**）を示す。この状況から、R端子頭部のC方向に溶融痕が多く確認できる。また、S相端子ではA、B、C方向でR、T相に比べて原形に近い状況で残存している。なお、T端子頭部にはC方向に多数の溶融痕を確認。特に、R、S、T端子のわたり銅バーは端子部の根元から溶融焼失している。

R相のX線CT撮影結果(**写真9～12**)からは、右ナット半分に短絡時に発生したと判断できる溶断消失が確認できる。特に、写真12のB方向ではボルト～ナット間の接触面に微小な空隙があるため、この部位を拡大し、顕微鏡観察した結果、明らかにR相のボルト～ナット間の接触面に空隙が存在することから、R相で接触不良が発生したと考えることができる。

写真13～16はS相のX線CT撮影で、写真13には右側ナット部にもR相と同様に溶融焼失があり、ナット～銅バー間には酸化銅の発生も確認できる。なお、写真16のB、C方向のX線CT撮影ではボルト～ナット間に空隙は確認できない。

写真17～20はT相のX線CT撮影である。写真19にはナット部の右側にR相と同様の溶融焼失が確認できる。B、C方向のX線CT撮影ではボルト～ナット間に空隙は確認できない。

写真21は各相のボルト～ナット間の接触面の顕微鏡観察の結果である。

以上から、R相の接触不良により接続部に微小放電が発生して赤熱現象に移行。電流変化に伴って飛散現象も発生し、相間短絡に至ったといえる。

4)について、焼損したMCCBの接続部に黒色の亜酸化銅が確認できる。したがって、低圧母線接続用の銅バーとわたり用の銅バーとの接続部で赤熱現象が発生したと容易に判断できる。

5)について、溶融痕の成分分析を行った結果を**第1表**に示す。CuおよびFe成分が多く含まれていることから、銅導体とボルト～ナットの鉄成分が溶融したといえる。

6)の結果を**第2表**に示す。各相間の絶縁抵抗は極めて低いが、数MΩも

写真8　各相のX線CT撮影

R相　　　　S相　　　　T相

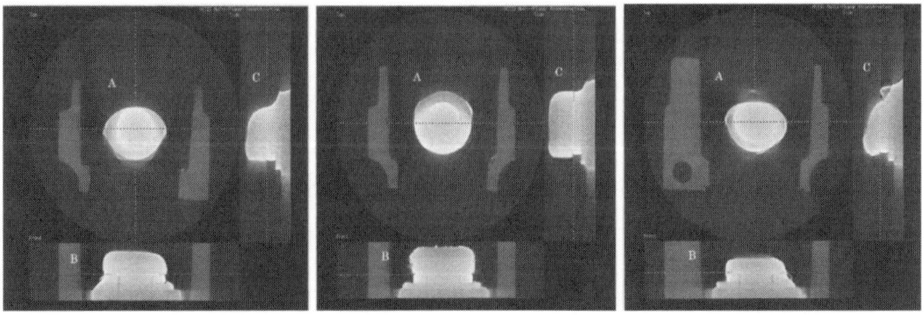

写真9　銅バー側のR相のボルト部

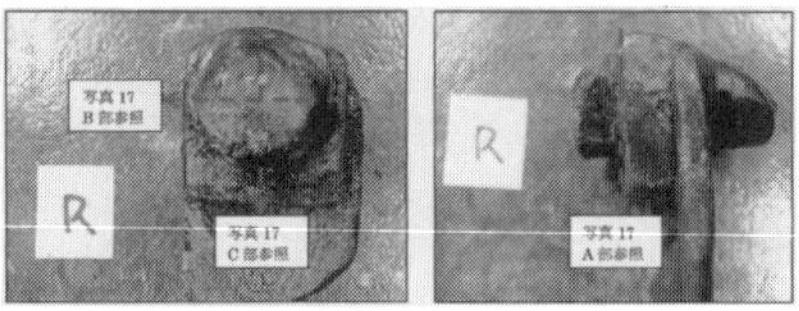

写真11　銅バー側のR相のナット部

写真12　銅バー側のR相のナット部のX線CT撮影

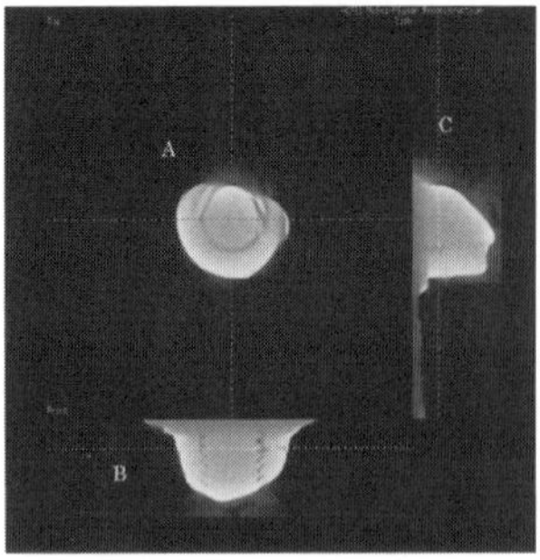

写真10　銅バー側のR相のボルト部のX線CT撮影

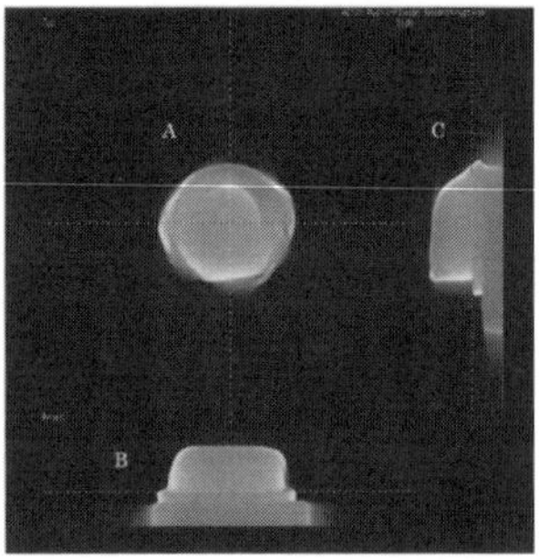

写真13　銅バー側のS相のボルト部

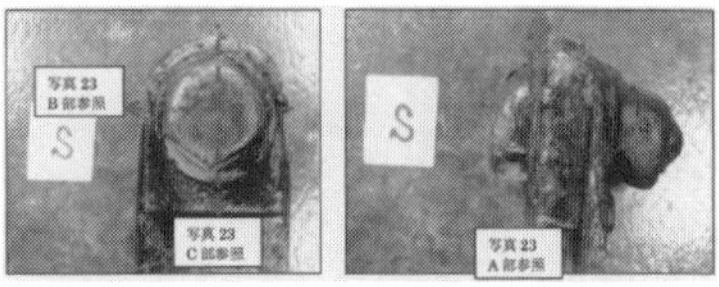

写真14　銅バー側のS相のボルト部のX線CT撮影

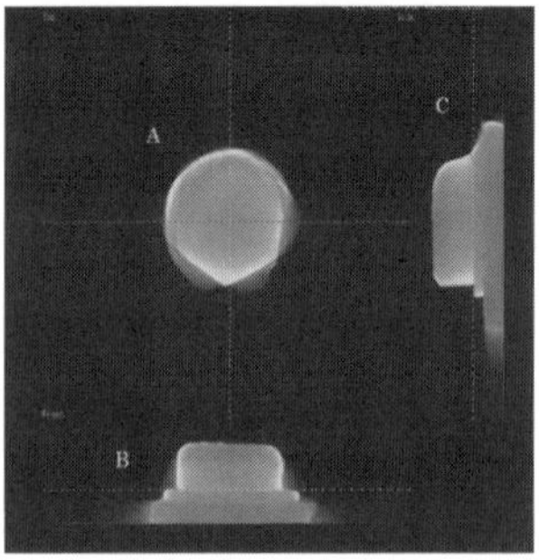

写真 15　銅バー側の S 相のナット部

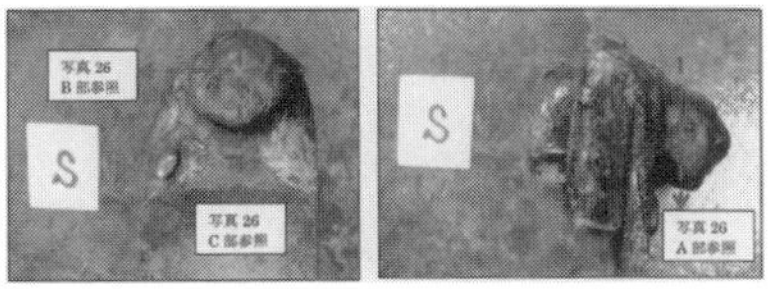

写真 16　銅バー側の S 相のナット部の X 線 CT 撮影

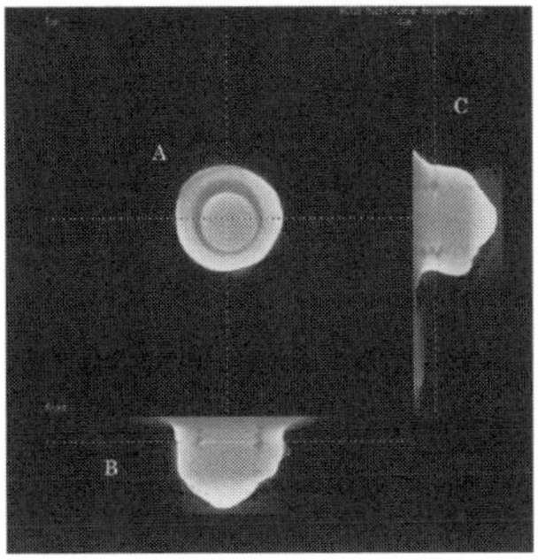

写真 17　銅バー側の T 相のボルト部

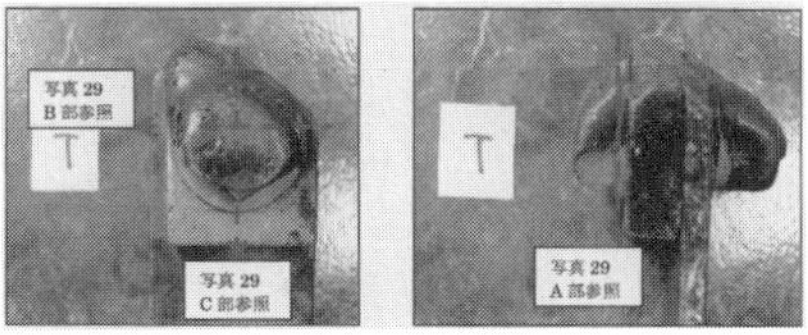

写真 18　銅バー側の T 相のボルト部の X 線 CT 撮影

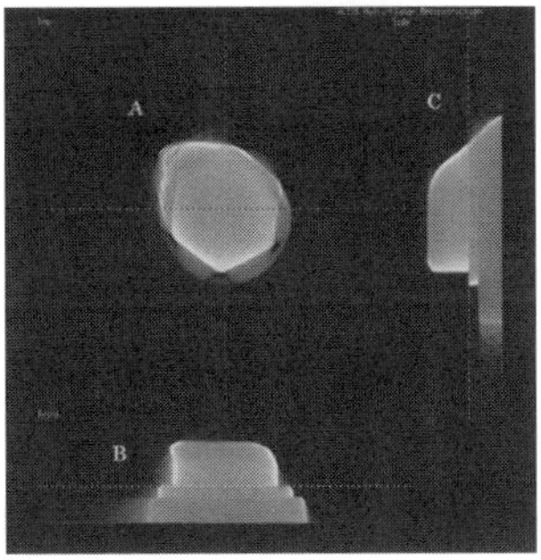

写真 19　銅バー側の T 相のナット部

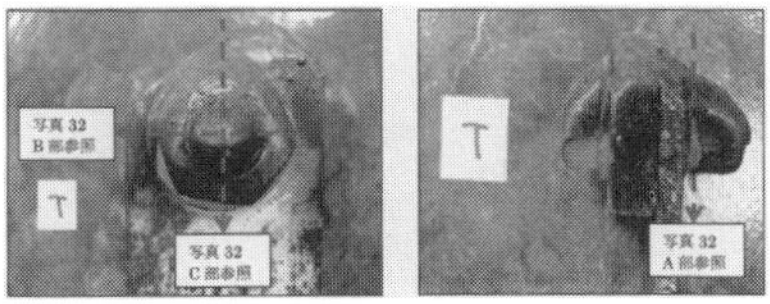

写真 20　銅バー側の T 相のナット部の X 線 CT 撮影

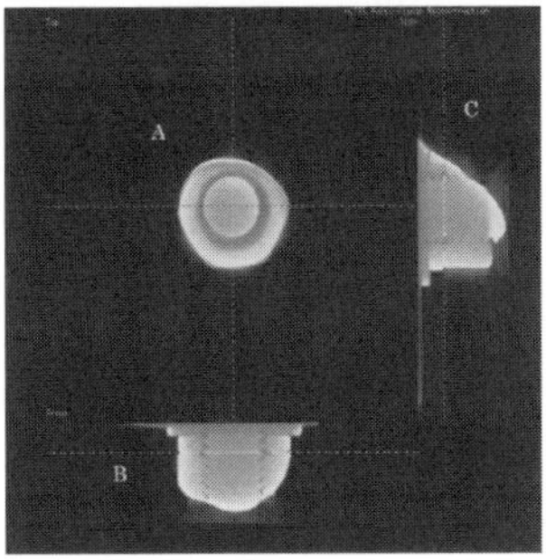

写真 21　各相のボルト～ナット間の接触面

第1表　溶融痕の成分分析結果

分析結果	成分
金属塊A	銅：61.2% 鉄：27.9% マンガン：5.0% リン：4.3% ほか
金属塊B	銅：55.0% 鉄：41.2% リン：2.4% マンガン：1.2% ほか
金属塊C	銅：82.3% 鉄：13.0% カルシウム：4.3% ほか

第2表　MCCB接続端子間の絶縁測定結果

試験結果	洗浄前〔MΩ〕	洗浄後〔MΩ〕	増加率〔%〕
R-S	3.31	230.1	6 852
S-T	5.89	828	13 958
R-T	5.59	322.3	5 666

あり、洗浄後では数百MΩになっていることから、この部位でのトラッキング現象による短絡の発生は考えにくい。

7)を調査した結果、盤内に設置されたMCCBの取りつけ、配線方法が技術マニュアルに指示された方法と異なっていることが判明した。技術マニュアル上、MCCBの一次側（電源側）にアーク短絡防止用のセパレータを挿入すべきところ、二次側に挿入されていた。この事実は相間でのアーク短絡事故の発生しやすい条件であることを示唆している。

8)については、赤熱現象や飛散現象は接続部の「緩み」による接触不良から発生することが実験で確認されている。特に、この現象は1 100 ℃以上の高熱が発生することも確認され、本件の事故も接続部の「緩み」が原因で赤熱現象や飛散現象が発生したものと推定される。

【5】結論

調査結果から、R相のわたり用の銅バーと低圧母線接続用の銅バーの接続部で発生した「緩み」が通電電流（大電流）によって急激な劣化サイクルを引き起こして接続部が過熱。亜酸化銅が生成し、赤熱現象に進展して飛散現象も発生。このときの火花が相関短絡事故を引き起こしたと判断できる。

【6】防止策

機械的加圧力による接続部は締めつけ応力や通電電流に伴う熱応力、さらに経年的な応力緩和などにより「緩み」が発生することから、増し締めなどの定期的な管理が必要になる。また、締めつけトルクなど技術マニュアルで指示された方法で施工することも重要である。

20 引き込みケーブルの接続不良

【1】概要

この事故は某国と国内企業との合弁会社で新設された大規模工場で、運転開始後、まもなく発生したものである。配電線から構内に引き込む特高電圧 10 kV トリプレックスケーブル（アルミ電線）が、構内への引き込み線との接続部で爆裂焼損し、2 相短絡が発生した。このため新設工場は運転開始が困難になった。

【2】事故の状況

完成した新設工場の運転開始のため、特高電圧 10 kV の電源を投入。まもなく工場全体が停電した。原因を調査した結果、特高用のアルミ電線（150 mm^2）と構内引き込み電線（銅導体、トリプレックスケーブル 120 mm^2）の接続部が爆裂状態で 2 相短絡が確認された。

事故の発生原因について、某国の電力会社と工事関係者の説明では、ケーブルの外装に何らかの機械的圧力が加わり、ケーブルシースが損傷。損傷部位での絶縁性能の低下が引き金となって絶縁破壊が起こり、短絡およびケーブルの爆裂焼損に至ったと判断された(**写真 1 ～ 3**)。

事故原因を明確にするために、爆裂破損したケーブルが某国から搬送され、事故原因を解明することとなった。

写真 1　焼損したトリプレックスケーブル

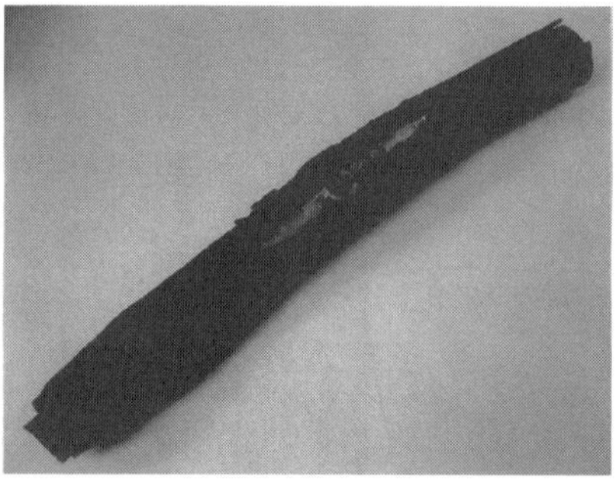

写真 2　爆裂したケーブルの溶融穴

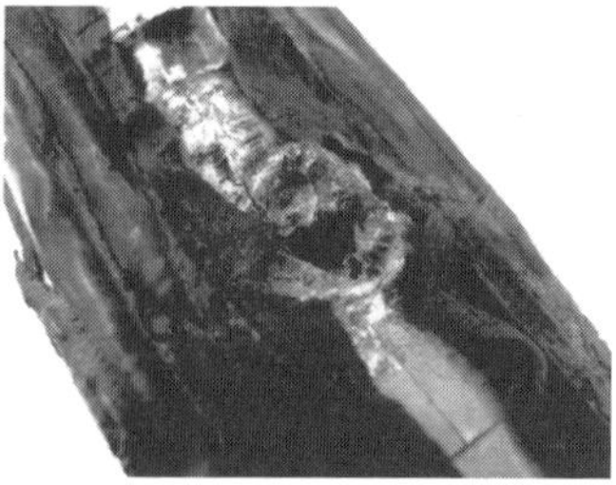

写真３　短絡側の焼損した絶縁シース

【３】事故の推定

現地での施設状況などを確認することが困難なことから、調査資料を参考に、搬送されたケーブルの接続部位である爆裂焼損部を中心にＸ線CT撮影、顕微鏡観察などから分析し、以下の方法で原因を特定した。

1）銅電線とアルミ電線との接続部位での金属拡散の発生を検証
2）アルミ電線の溶融部位の成分分析
3）接続部の爆裂焼損状況からの推定
4）銅導体とアルミ導体の圧縮接続状況の検証
5）電線サイズと圧縮接続用でスリーブの適合性の有無
6）アルミスリーブと圧縮工具との適合性の有無

【４】調査結果

【３】で挙げた項目について、調査および検証した結果を示す。

1）について、銅導体とアルミ導体を接続する場合、圧着接続や圧縮接続など、導体相互間で局部的に大きな圧力が加わり、さらに密な接触面に通電に伴う熱応力が加わると金属拡散が起こる。特に、銅の分子がアルミ側に拡散し、**写真４**のようなアルミや銅との異なった金属の性質を持った合金層ができる（拡散率は銅の分子がアルミ側に拡散するほうが極めて高い）。

この金属拡散した部分は高抵抗で、脆くなり、電気的な接続性能は極めて劣悪な状況となる。したがって、本件の事故原因が接続部で金属拡散が起こり、事故につながったおそれもあることから、金属拡散の発生の有無を確認したところ、写真４のような金属拡散が起こっていないことを確認した（**写真５**）。

2）について、短絡付近の溶融部部位（**写真６**）の金属成分の分析、さらに金属拡散の発生有無を確認することが可能なことから、**第1表**に示すようにアルミ成分のなかに銅成分が含まれていないことがわかった。これにより、事故原因が金属拡散によるものではないことが確認できた。

写真4　アルミ側に銅分子が金属拡散した状況（圧着接続部に発生した拡散例）

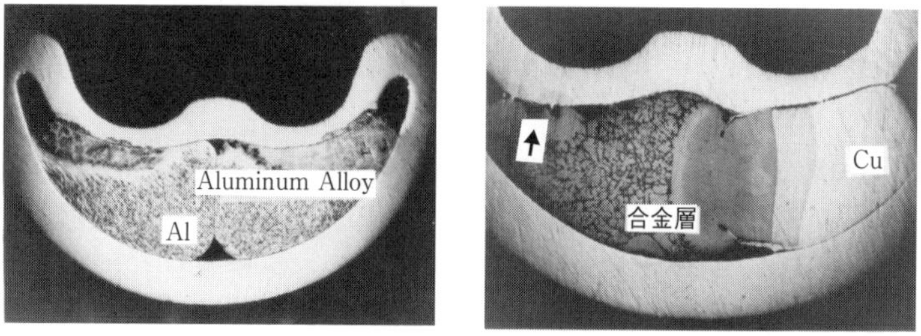

a）アルミ側　　b）銅側（矢印の部分が拡散ポイント）

写真5　爆裂焼損した接続部のX線CT撮影の各部位の断面

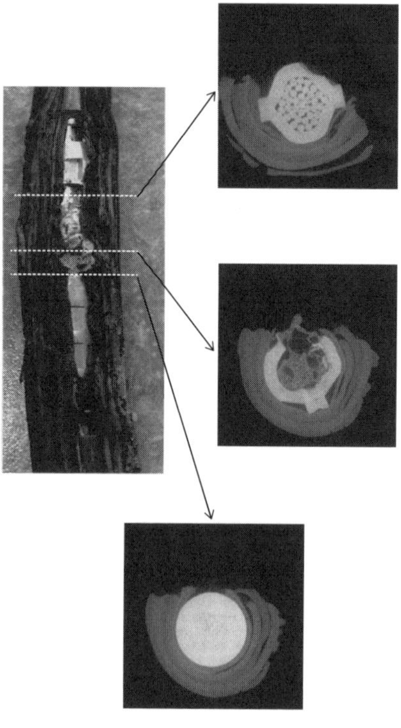

写真6　短絡付近に発生した溶融痕

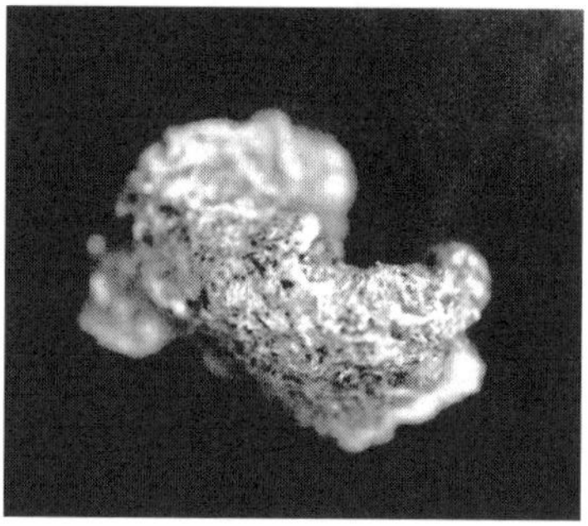

写真7　爆裂した溶融穴がアルミ側の先端で発生している状況

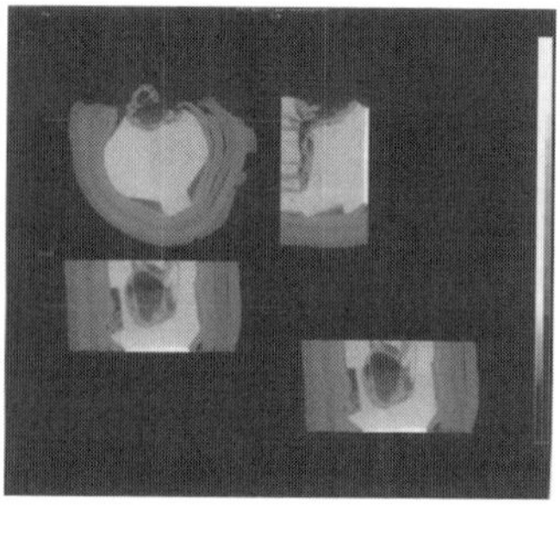

第1表　溶融痕の成分分析結果

成分	アルミニウム	ケイ素（シリコン）	カリウム	硫黄	カルシウム	鉄	その他
含有量	89.70%	3.60%	2.40%	1.70%	1.20%	1.10%	0.30%

写真8　銅スリーブ側の圧縮状況

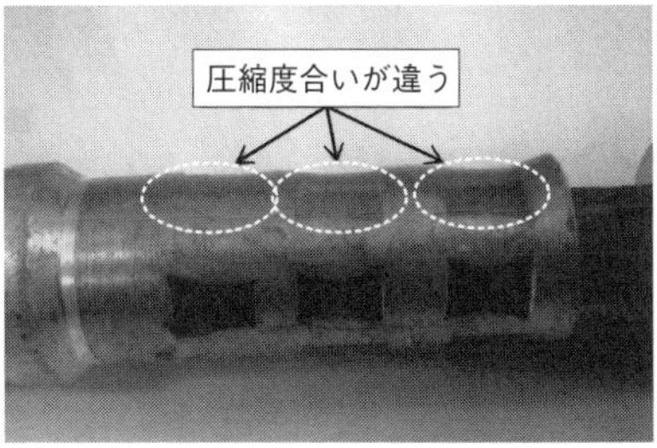

写真9　アルミスリーブ側の圧縮状況

なお、第1表には鉄成分が含まれていて、アルミニウムの純度に問題があったことも考えられる。ただ、本件の圧縮スリーブは某国のものであり、確認することができないのが残念でならない。

3）について、圧縮接続用スリーブはアルミ電線側と銅電線側に分かれ、それぞれの材質で圧縮接続されている。したがって、アルミ電線はアルミ側に、銅電線は銅側に接続されている。

また、爆裂焼損した溶融穴はアルミと圧縮接続部で発生している。この溶融穴は明らかにアルミと銅電線の先端部分で、熱風によって発生したものと判断できる（**写真7**）。

したがって、スリーブ内部の接続に問題があったことが容易に推定される。

4）について、銅電線とアルミ電線が圧縮後に素線の密着度を確認することによって、接続が適切であったか否かを判断することも可能と考えられる。そのため、圧縮接続したスリーブの各部位の切断面をX線CT撮影により検証した結果、銅電線の素線は完全に密着しているが、アルミ電線の素線間には空隙があり、密着度が悪いことが判明した。つまり、アルミ電線側の圧縮接続に問題があったことが容易に判断できる。

5）について、電線サイズと許容電流の関係は某国の仕様のため正確に確認することができないため、銅電線のサイズ（120 mm^2）から、アルミ電線のサイズを導電率＝60％で換算すると約200 mm^2 が適切といえる。さらに、

写真10　未焼損部位の圧縮径の測定ポイント

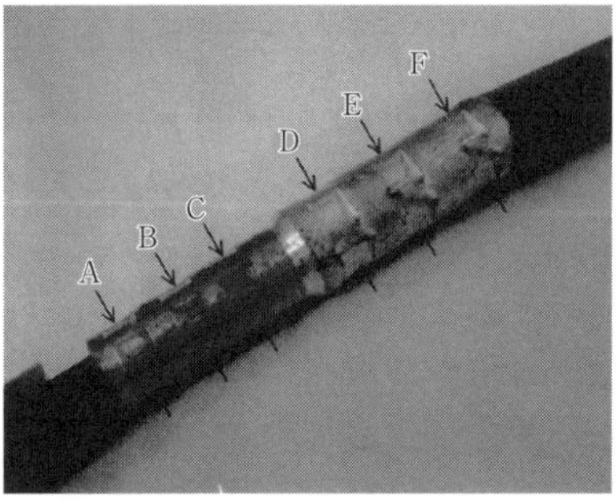

第2表　圧縮跡間の測定結果

測定場所	A	B	C	D	E	F
寸法〔mm〕	18.19	18.9	20.99	23.57	23.73	23.83

使用された電線サイズからスリーブの適合性について、カタログなどから調査した結果では適合しているものと判断できる。

6)について、銅側とアルミ側の圧縮跡は類似している(**写真8、9**)。さらに、**写真10**に示すとおり、部位の圧縮跡間の寸法を測定した結果、圧縮跡間の測定値から判断するとバラツキが確認できる(**第2表**)。

また、4)の結果からアルミ電線の素線が完全に密着していないことから、銅電線側の圧縮工具でアルミ電線側を圧縮したものと判断できる。

したがって、圧縮スリーブと圧縮工具は不適合であったと考えられる。

【5】結論

調査結果から、本件の事故原因は10 kVトリプレックスケーブル(アルミ電線150 mm^2)と銅電線(120 mm^2)との圧縮接続作業において、スリーブと圧縮工具の不適合により起こったものと判断できる。特に、スリーブはアルミ側の径と銅側の径は明らかに異なっているにもかかわらず、同じ圧縮工具で接続したため、アルミ電線は完全に圧縮接続できていなかった。このためアルミ電線側の接続抵抗の増大が通電電流により異常過熱(ジュール熱)を発生させ、絶縁材の絶縁低下を引き起こし、爆裂焼損によって2相間の短絡につながったと考えられる。

【6】防止策

この事故は明らかに作業ミスによって引き起こされたものである。すなわち、ヒューマンエラーによるもので、作業開始には徹底した管理と準備(本件の場合、銅専用の圧縮工具とアルミ専用の圧縮工具)が重要である。

21 需要家構内の第一柱の欠損事故

【1】概要

本件は需要家構内の架空配電線路（三相3線、6 600 V）の構内柱で発生した欠相事故である。欠相した部位は6 600 VのCVT（EM-CET）ケーブルの接続点である差し込み式の耐塩害ケーブルヘッド内で、ここが破断して電力供給が停止した。

事故発生当初は、供給停止の原因について、受電設備以降に事故原因があるものと判断されたため、事故点の特定が困難であったが、受電設備の電源側に異常があったことを確認。事故原因の解明を行うこととなった。

【2】事故の状況

工場内の電力供給に異常が確認され、供給がストップした。事故原因と事故発生箇所の特定を行うため調査したところ、工場内の電気設備には異常がないことから、電源側に事故原因があるものと判断。さらに調査を進めた結果、**第1図**に示す構内柱の差し込み式の耐塩害ケーブルヘッドで何

第1図　構内柱に取りつけられた差し込み式の耐塩害ケーブルヘッドの状況

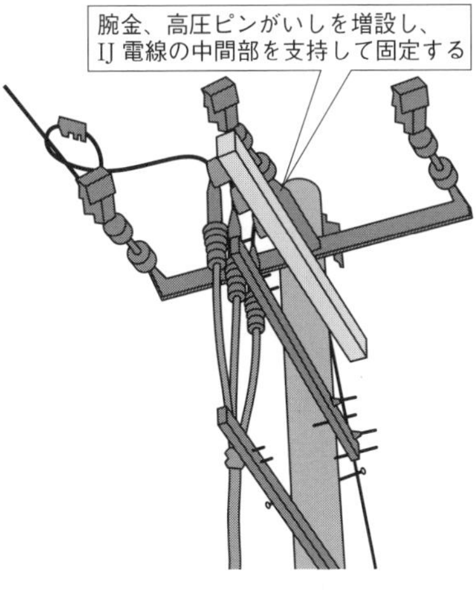

第２図　耐塩害ケーブルヘッド内の構造と破断箇所

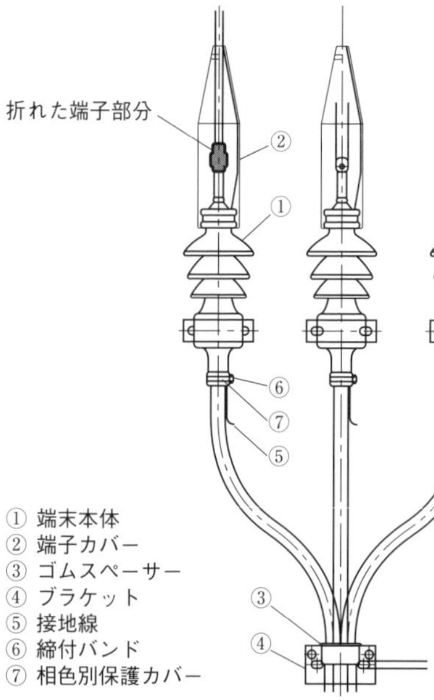

写真１　破断した圧着端子の舌部の状況

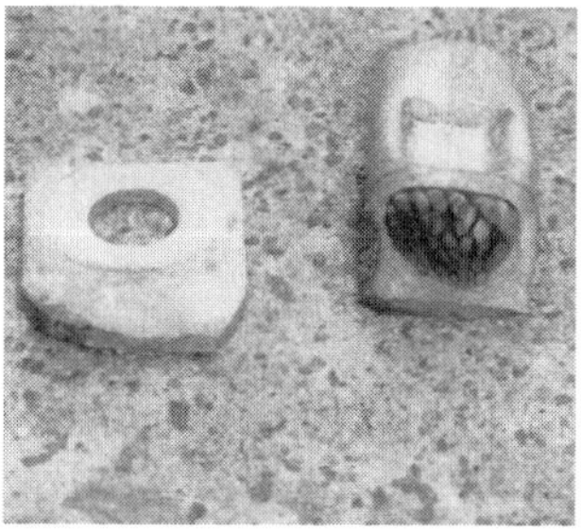

らかの異常があるものと判断し、解体したところ、**第２図**に示す耐塩がいしと引き込み線との接続端子の舌部（**写真１**）が破断していることが確認できた。

このことから、端子舌部の破断原因について検証することとした。

【３】事故原因の推定

圧着端子の舌部が破断した原因が機械的ストレスによるものか、銅製端子の材質（JIS の適合）に問題があったのかを確認する必要があることから、以下の分析によって検証することとした。

1）破断面の分析（走査電子顕微鏡により 35 倍、300 倍、1 000 倍の倍率で観察し、金属の破断過程を解明）

2）圧着端子の材質および酸素含有率などの分析により JIS の適合製品であるか否かを確認

3）放電痕の発生についての検証

【4】調査結果

【3】で挙げた項目について、調査および検証した結果を示す。

1）について、破断面を走査電子顕微鏡で観察した結果、舌部の電線挿入側から亀裂が発生していた。亀裂は舌部の中央へ進行し、さらに電源挿入側とは反対側からも亀裂が発生。最終的に破断に至ったものと判断される。

これは金属の疲労破壊が原因で破断したものと考えられる。なお、疲労破壊は材料に作用する繰り返し応力が弾性限度以下であっても、変形しないで破壊する現象である。

写真 2 に金属疲労の発生方向と破断状況、**写真 3** に圧着端子の電源側の亀裂が発生した部位、**写真 4** に疲労破壊に至る典型的な縞模様をそれぞれ示す。

なお、**写真 5** の上部にある、横に延びる細い筋が最終破断部である。また、

写真２　金属疲労の発生方向と破断状況

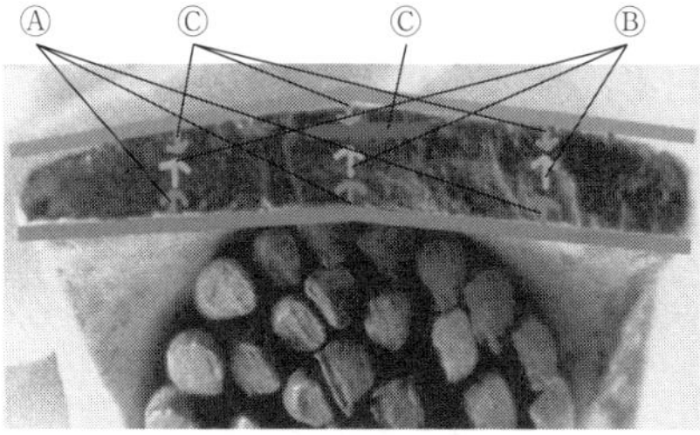

疲労破壊の進行状況
Ⓐ 電線圧着側（緑）から亀裂が発生
Ⓑ 電線圧着側（黄）の亀裂が進行
Ⓒ 反対側（青）からも亀裂が発生
Ⓓ 最終的に破断（赤）

写真３　右下側から亀裂が発生した状況

写真４　金属疲労破壊の典型的な状況

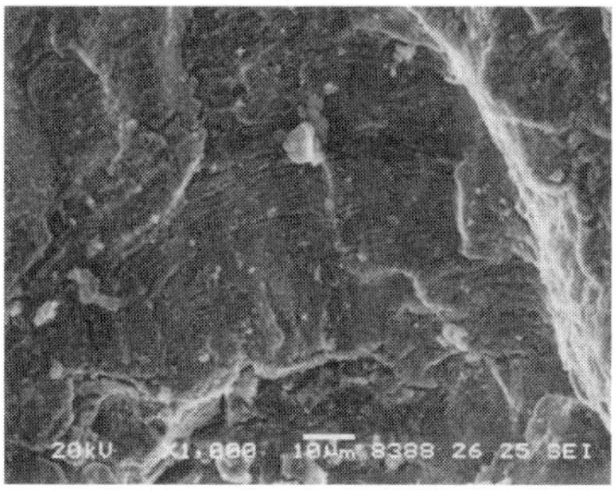

写真５　最終破断部（上部の横に延びる細い部分）

写真６　最終破断部（中央部）

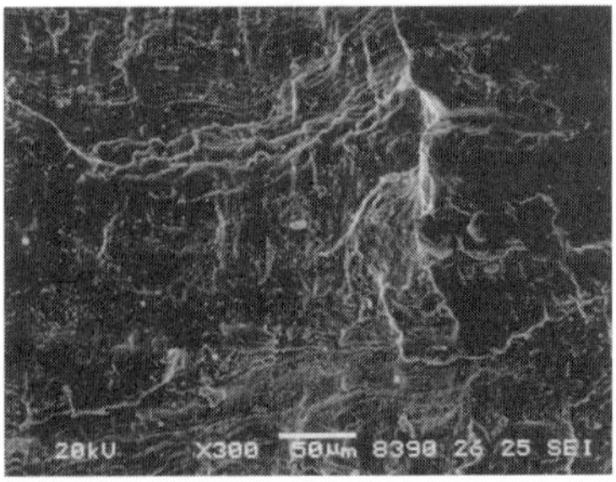

第１表　酸素含有率の分析結果

試料名	酸素分析値（ppm）
破断端子	5
未破断端子	6

上下に縞模様も確認できる（**写真６**）。写真6の中央部が最終破断部である。

2）について、圧着端子の材質はJIS C 2805「銅線用圧着端子」により、JIS C 1020「無酸素銅」、もしくは同等以上のものと規定されていることから、無酸素銅かタフピッチ銅かを分析した結果、**第１表**に示すように酸素含有率が5～6 ppmであり、無酸素銅（10 ppm以下）であることを確認。適合していると考えられる。

3）について、放電痕の原因は圧着端子の舌部が完全破断する過程で発生したものと考えられる。

【5】結論

本件の原因は、配電線と引き込み架空電路との接続部が長期にわたる風圧などにより繰り返しの微振動が発生し、これが端子舌部に金属疲労を起こす応力となって疲労破壊につながったものと判断できる。

【6】防止策

配電線路とCVTケーブル用の差し込み式の耐塩害ケーブルヘッドとの接続部は風圧などによる振動を発生させないように腕木で固定するなどの対策が必要である。

22 G付きPASで発生した事故

【1】概要

この事故は高圧配電線（三相3線、6 600 V）と需要家との責任分界点であるG付きPASの二次側接続点で焼損短絡が発生したものである。

操業中の自家用需要家構内で、突然、電力供給がストップして全停となった。ただちに原因を調査したところ、受電設備の電源側に原因があることが判明。詳細に調査した結果、構内柱に取りつけられたG付きPASに問題があることを確認した。

【2】事故の状況

第1図に示す構内柱に取りつけられたG付きPASの二次側口出し線の接続部で、各相のケーブルが焼損短絡を起こした（**写真1**）。

焼損した接続部はG付きPASの口出し線 $60\ \mathrm{mm}^2$（許容電流は217 A）のケーブルをC型コネクタで接続。さらに、$60\ \mathrm{mm}^2$ のケーブルは約10～20 cmの間に $150\ \mathrm{mm}^2$ のCVTケーブル（許容電流は395A）をボルトコネク

第1図　構内柱のG付きPASとケーブルの接続状況

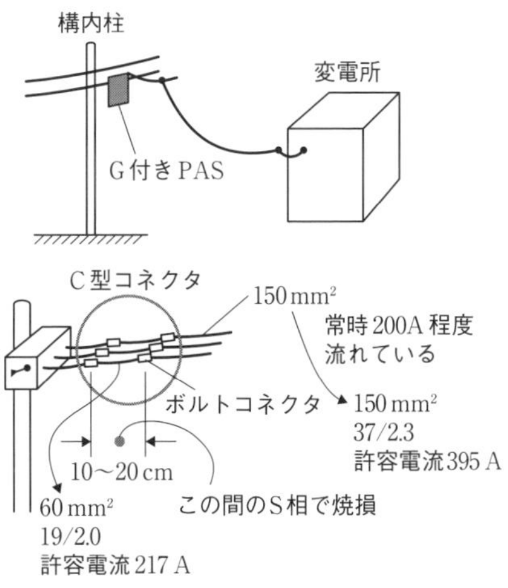

写真1　焼損したケーブルの状況

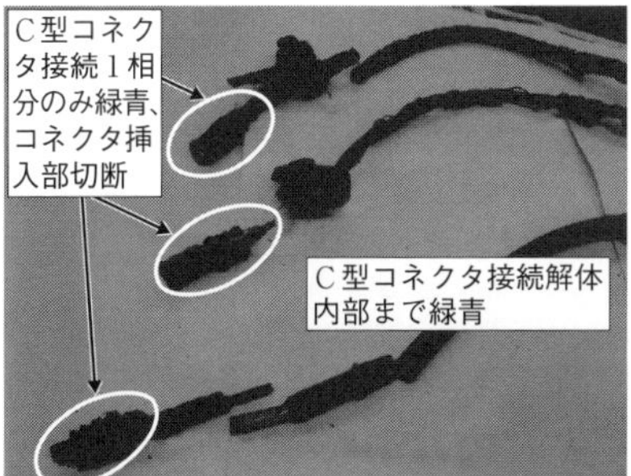

タで接続し、受電設備に電力を供給していた。

焼損したケーブルでは、特にS相が激しい状態である。なお、負荷電流は常時200 A程度の電流が流れていたことから、G付きPASの口出し線と直接接続されていた60 mm^2 のケーブルには許容電流にほぼ近い状態であった。

【3】調査方法

発生原因は、現場の状況や資料（**写真2、3**）、さらには接続についての文献などから解明することとした。以下に検証する項目を記す。

1）焼損部位の焼損状況からの推定
2）電線サイズと許容電流および負荷電流からの推定
3）文献などからの推定

【4】調査結果

1）について、焼損部位の状況からS相はC型コネクタとボルトコネクタ間でケーブルの焼損、溶断、さらには写真2からもわかるように60 mm^2 のケーブルの心線（19本、1本が2.0 mm）の多くは緑青化し、C型コネクタは圧縮部が開口、炭化していることから、この部位で高温加熱があり、したがって、この高温加熱が焼損、短絡につながったものと判断できる。

2）について、電線サイズと許容電流および負荷電流から判断すると、許容電流が217Aである60 mm^2 のケーブルが負荷電流は常時200A前後の電流が流れていた状況から、時には過電流状態になったケースも考えられる。さらに、ケーブルは直射日光にさらされた構内柱のG付きPASと接続さ

写真2　焼損したC型コネクタの接続部①

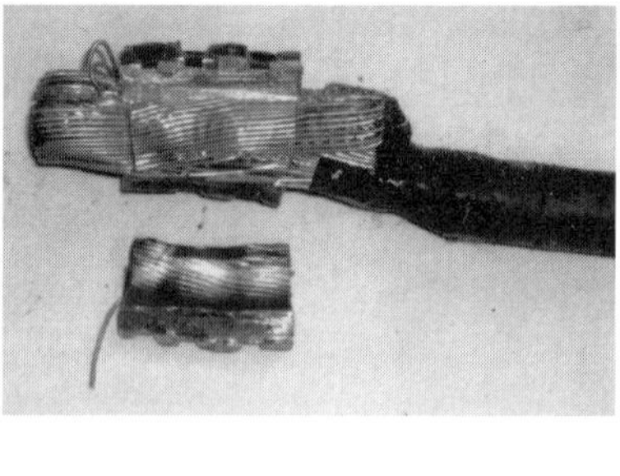

写真3　C型コネクタの接続部②

れていることから、接続部にはジュール熱を含めて過酷な熱的影響があったものと推定される。

3）について、電線相互の接続に使用される接続器の信頼性評価の方法として、JIS C 2810「屋内配線用電線コネクタ通則」にヒートサイクル試験がある。この試験方法には、**第２図**に示すようにコネクタとコネクタの間は40cm以上離すという条件がある。これは、互いに接続部から発生する熱的影響(干渉熱)を避けることにある。

本件はG付きPASの口出し線を60 mm^{2}のケーブルにC型コネクタで接続し、さらには約10～20 cmの間で150 mm^{2}のCVTケーブルをボルトコネクタで接続している。この状態でケーブルの許容電流に近い負荷電流が流れていたこと、なおかつ、接続部は直射日光に照らされた状態であったことなどの影響が過熱焼損につながったものと判断できる。

【5】結論

調査結果から、受電設備に引き込むケーブルの一部に負荷電流とほぼ同じ許容電流のケーブルが使用されていたこと。さらに、このケーブル長は10～20 cm間でC型コネクタとボルトコネクタで接続されていたため、これらの接続部で発生する熱的影響が干渉熱として作用し、接続部の劣化サイクル現象につながり、最終的に焼損、短絡に至ったと判断できる。

【6】防止策

本件の場合、G付きPASの口出し線と150 mm^{2}のCVTケーブルを直接接続することで、事故の発生を防止することが可能であったと考えられる。

また、電気災害のうち、人為的欠陥の電気エネルギー欠如型災害であるといえる。さらに、ノーマンのヒューマンエラーの発生要因から推定すると、G付きPASの設置作業に対する目標形成が誤ったミステイクに相当する。このようなミステイクは、電気設備を施工するときの基本的な知識に基づけば起こらなかった事例である。「なぜ、こんなことをするのか」と疑問に

第２図　コネクタのヒートサイクル試験による評価法

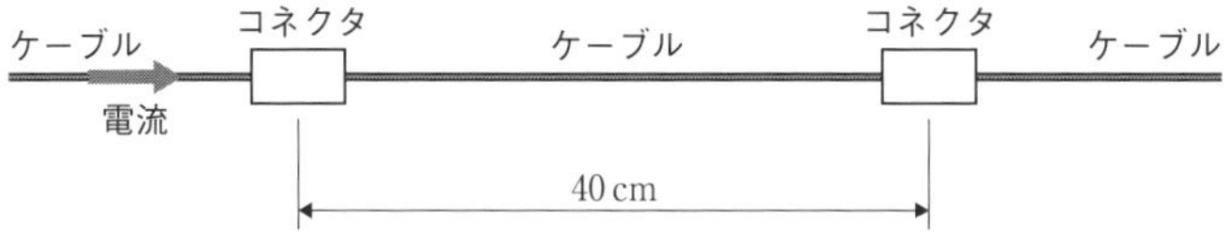

思った読者が多いだろう。

このような事故を防止するためには、ミステイクは別として、保守管理の面で考えた場合、予防保全と事後保全に大別される。

事後保全の場合、事故発生時に波及する影響が少ないときには対応可能だが、影響が大きいと想定されるケースには予防保全が重要である。

予防保全には時間計画保全である定期保全や状態監視保全などがあるが、最も効果的な方法は状態監視保全である。

本件はG付きPASの二次側接続部で焼損、溶断する事故であったことから、当然、発熱やノイズの発生があったと推定される。発熱の場合には照射温度計、ノイズの場合には波形観測やノイズ検出などによって適切な保守管理が必要となる。

23 防爆設備がある工場で発生した事故

【1】概要

本件は防爆設備を必要とする可燃性ガスを取り扱う工場で発生した事故である。工場内には30時間連続で稼働する電気設備があり、防爆に対する安全管理は徹底していたようだが、ある日の深夜、突然、爆発が起こって火災につながった。

【2】事故の状況

工場内の電気機器はもちろん、照明器具や電線管工事などは防爆工事が施され、事故発生前まではトラブルもなく稼働していたという。

特に、爆発発生箇所と思われる電気設備は前日の正午に運転を開始、翌日の午後10時に運転を停止する制御が行われ、警備担当者も午後10時には発生箇所と思われる電気設備の運転停止を確認していた。

しかし、翌日の深夜2時ごろに、突然、爆発が起こって工場が火災となった。

危険物を取り扱う工場であることから、当然、火気の取り扱いは皆無である。そのため電気系統に原因があると推定された。**写真1～3**に工場内の焼損状況を示す。

【3】事故原因の推定

現場を検証することは不可能であるため、写真による現場の焼損状況や当時の情報から原因を推定することとした。

1）工場内の焼損状況からの推定
2）工場内の電気設備（配線図および制御回路図）
3）火災に至るまでの電気設備などの稼働状況からの推定
4）制御盤および盤内の防爆策からの推定
5）文献などからの推定

【4】調査結果

本件の場合、現場写真や工場内の配線図、さらには配電盤内の制御回路

写真１　工場内の焼損状況①

写真２　工場内の焼損状況②

写真３　工場内の焼損状況③

と盤内に取りつけられた制御機器の技術マニュアルなどから爆発の発生原因を特定することとした。

1）について、可燃性物質の少ない設備にもかかわらず、延焼の激しさが判断できる。これは密閉された機器内の可燃性ガスが、発火に伴って火炎が拡大し、工場内全体が延焼したものと推定される。特に、設備機器は引火性の強い物質を取り扱っていることから、天井部の配線や配管設備には防爆策が施されていると判断できる。

なお、当工場の主要設備機器を制御する回路は、盤内配線図などからタイマーリレーや有接点リレーで制御されていることがわかった。ただし、**写真４～７**に示すように、これらの一部は跡形もなく焼失し、制御盤内で焼損、爆裂したことを示唆していると考えられる。

2)について、発火原因と思われる設備機器の制御回路を**第１図**に示す。

配線図からわかるように、制御回路自体は極めて単純な回路である。ただし、表示灯を含めて、回路には制御電流が常に流れていて、タイマーリレーが動作するたびに接点の開閉が行われることから、わずかでも可燃性ガスが工場内に漏れたとすれば、このガスが制御盤内に侵入し、接点の開

写真４　制御盤内の焼損状況①

写真５　制制御盤内の焼損状況②

写真６　制御盤内の焼損状況③

写真７　制御盤内の焼損状況④

閉時(タイマーリレー)の微小な放電で引火する危険性がある。

特に、写真などから判断する限り、制御盤は防爆仕様が完全に施されていたかどうかの疑問もある。したがって、盤内の焼損状況から発火源が制御回路であると推定できる。

3）について、火災発生源と思われる設備機器は前日の正午ごろに運転を開始し、連動する他の機器も稼働。設定された稼働時間の午後10時ころには主要機器および他の機器も停止した。

これらの機器が停止した数時間後に火災が発生した。ただし、稼働中は工場内の換気扇が作動していたが、主要機器が停止する以前に換気扇は停止していたようである。

なお、換気扇の停止は夜間に近隣の騒音防止のためだという。したがって、換気扇の停止が漏えいした可燃性ガスの濃度を高めて制御盤内に侵入、有接点の開閉時の微小な放電によって引火につながったものと推定される。

4）について、盤内に設置されていたはずのストップタイマーが跡形もない状況となっていることが写真4、5から判断できる。ストップタイマーは

第1図 電気機器の制御回路図

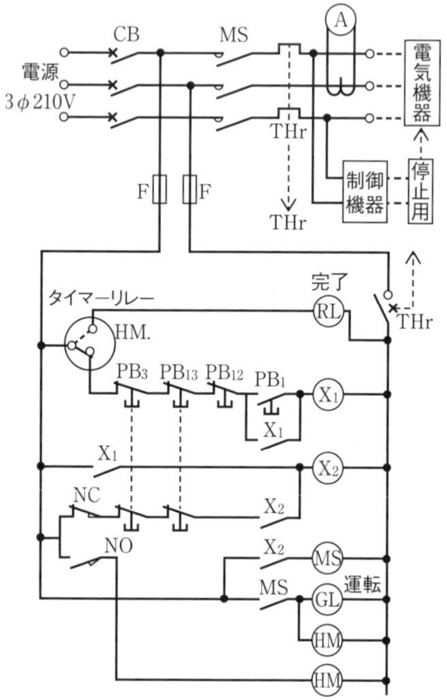

機器の停止後も完了表示灯を点灯させるために動作し、この部位での発火の可能性を示唆している。

特に、ストップタイマーの電源供給部である接続部の不良(経年によるクリープリラクゼーション：接触界面の応力緩和による「緩み」の発生)が起こり、この部位での微小電流が最終的には赤熱現象に発展。可燃性ガスに引火して爆発に至ったと考えられる。

なお、この制御盤内の保守管理はほとんど行われていない状況であった。

5）について、発火原因には配線器具やケーブルなどの絶縁材の劣化が原因で発生する「トラッキング現象」や、電気機器や器具とケーブルとの接続部、あるいはケーブル相互の接続部での接触不良(経年的な応力緩和による)が原因で発生する「赤熱現象」がある。

トラッキング現象は絶縁材の絶縁抵抗の低下に伴って絶縁材の表面などに漏えい電流が流れ、最終的に完全な電流経路となって短絡に至る。

赤熱現象は接続部の「緩み」などが原因で、接触界面に微小な放電現象(シンチレーション）が発生し、これが赤熱現象へと移行する。この赤熱現象はわずか1～2Aの通電電流で1 200℃以上の発熱があり、通電中は赤熱部が増殖し続けるため、絶縁材はもちろん、可燃性の物質などは容易に着火して火災に至る極めて危険な現象である。

本件の発火元と思われる場所には大型の電気設備があり、稼働に伴う微振動が接続部に接触不良（緩み）を発生させ、赤熱現象が起こって可燃性ガスに引火したことも考えられる。

【5】結論

本件の爆発、火災の原因は制御盤の防爆構造が不十分であったこと、さらに、制御盤内の保守点検が行われていなかったこと、可燃性ガスを扱う機器が稼働しているにもかかわらず、近隣住民に対する騒音対策として、夜間には換気扇を停止させたことにより工場内の可燃性ガスの濃度が高くなったことなど、さまざまな条件が重なって事故につながったと判断できる。

【6】防止策

可燃性ガスが発生するおそれのある場合、防爆はもちろん、徹底した予防保全が大切になる。特に、電気設備や制御盤内の保守管理は定期的に、そして、確実に行うことが事故防止につながると考えられる。

24 低圧配電盤内の端子接続不良で発生した事故

【1】概要

本件は電気設備を施工するにあたり、考えられない事故例といっても過言ではない。特に、施工者のモラルを疑う事例である。大事故を引き起こす前に発見、回収され、事故を未然に防いだことが幸いである。

【2】事故の状況

電気室の低圧配電盤の単相3線100/200 V回路の配線用遮断器、二次側端子で異常な接続部が確認された。

写真1に示すように、この接続部は端子を接続するボルトが破断し、接続部の応力緩和（緩み）を防止するスプリングワッシャー（スプリング座金）が取りつけられていない。さらに、圧着端子およびナット部には溶融痕が確認されている（**写真2、3**）。

写真1　破断したボルトとナットの状況

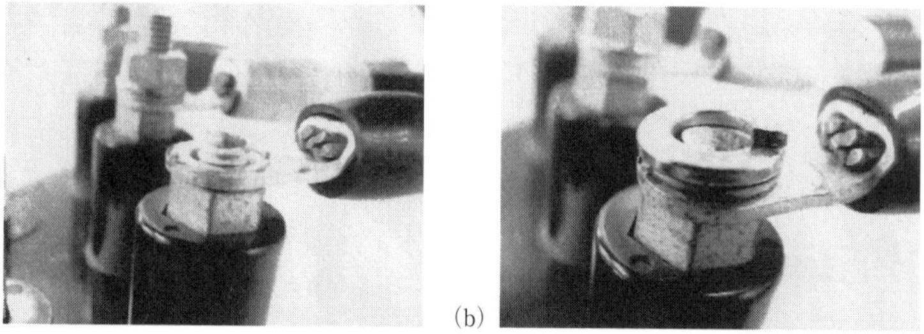

(a)　(b)

写真2　圧着端子の舌部に生じた溶融痕

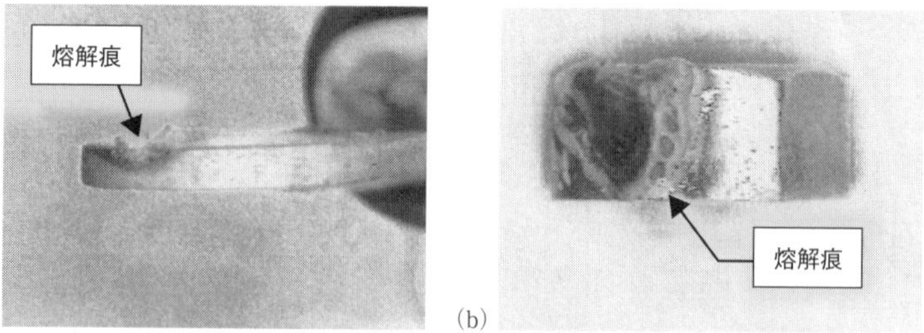

(a)　(b)

写真３　ナットに生じた溶融痕

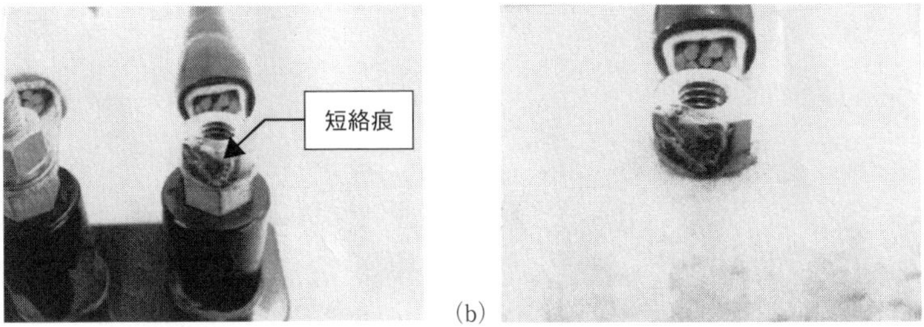

(a)　(b)

このまま放置されれば、当然、この部位で赤熱現象などの過熱が起こり、大事故につながる危険性があった。

【3】調査方法

ボルトの破断および溶融痕の発生原因を、以下に着目して検証する。

1）ボルトの破断原因

・破断したボルトおよびナットの寸法、締めつけ時の座金の厚さから検証

・破断したボルト側のネジ山および端子舌部の圧接痕から推定

2）溶融痕の発生原因

・ナットおよび圧着端子間の溶融痕の分析

3）取りつけネジおよびナットの材質

・溶融痕から他の金属成分の有無についての分析

【4】調査結果

1）について、ボルトの破断状況を調査した結果、接続前のボルトの長さは約 15 mm（ネジ山は 14 山、**写真４**）に対し、破断したボルトの長さは約 4 mm（ネジ山は 3 山、**写真５**）、さらに、ナットの厚さは 7 mm である。

したがって、**写真６**に示すようにスプリング座金の挿入は不可能で、ナットの厚さの半分以下（4 mm 程度）で締めつけられていたことになる。このことは明らかに圧着端子との接続は適切な締めつけトルクで接続されていないことがわかる。

また、破断したボルトの残存部分のネジ山を観察した結果、明らかにネジ山の変形が大きいことから、過剰な締めつけトルクで締められていたと考えられる。これは端子舌部について圧接痕からも判断できる（**写真７**）。

写真４　接続前のボルトの長さ

写真５　破断したボルトの長さ

写真６　端子舌部についた圧接痕

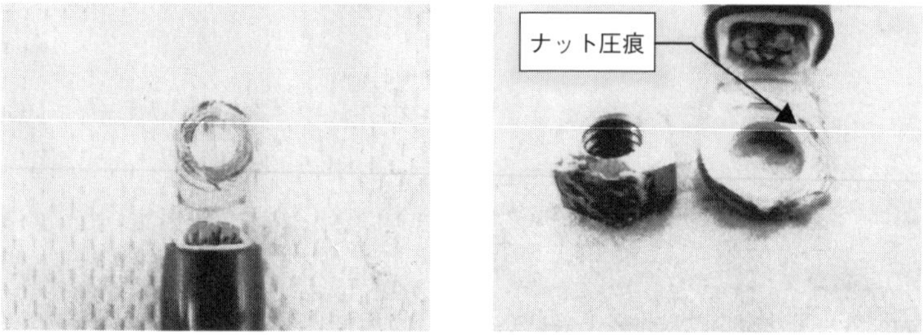

(a)　　(b)

写真７　破断したボルトと圧着端子の接続状況

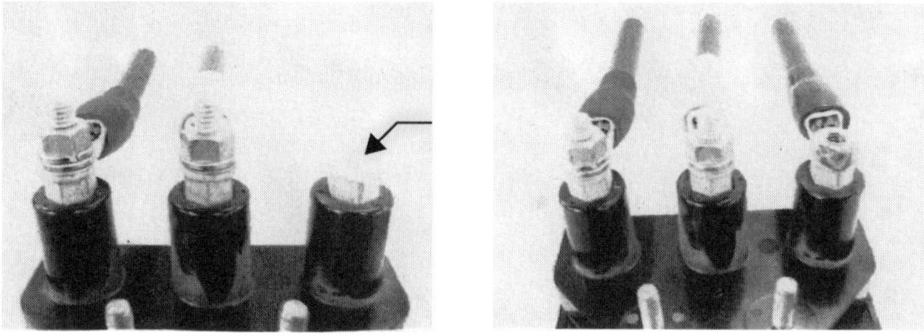

(a)　　(b)

2) について、舌部側の溶融痕は接続不良（緩み）から、微小放電によって生じた溶融痕と考えられる。したがって、この状態が続いた場合、赤熱現象に移行して大事故につながる危険性があったといえる。

ナット側の溶融痕は、写真３から判断する限り、作業中か保守点検中に何らかの手違いで工具などが接触して短絡に至ったと推定される。

3) について、材質を分析した結果、規定された黄銅（真鍮）製であり、特に問題はないと確認された。

【5】結論

本件は作業者が規定のトルクで締めつけず、過剰に締めつけたことでボルトが破断し、配線用遮断器を交換せずに、強引に破断したボルトに圧着端子を接続したことで発生した事故と考えられる。

特に、このような接続作業の基本である接続部の「緩み」を防止するスプリング座金の未使用、さらに、指示された規定のトルクでの締めつけ、作業終了後の不具合の確認を怠ったなど、すべての面で問題があったと考える。

【6】防止策

電気事故の多くは、わずかなミスから大惨事につながる。本件の場合、大事故に至る前に発見されたことが幸いである。作業管理は微細にわたり、安全確認を行うことが重要である。

25 電気主任技術者が関連した事故

事故例①

ここでは事故の原因解明によって電気設備を管理する電気主任技術者の責務が問われた事例を取り上げる。ようするに、事故の発生原因が電気設備を管理する電気主任技術者に問題があったため訴えられたものである。

【1】概要

本件は千数百頭もの家畜を飼育する設備で発生した火災事故である。家畜のエサや家畜小屋の環境などを制御する電気設備から発火。家畜小屋が全焼し、千数百頭の家畜も焼死した(**写真1～3**)。

電気設備からの出火が原因であることから、当該設備を管理する電気主

写真1　発火源と思われる制御機器

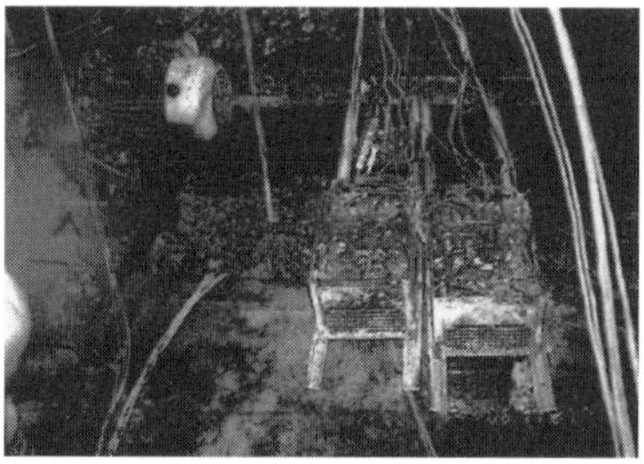

写真2　家畜小屋内に設置された換気扇

写真3　焼損した家畜小屋

任技術者の管理に問題があったとして、損害は電気主任技術者が補償すべきであると訴えた。損害の規模が大きく、補償額は数億円となった。

【2】事故の状況

公的に発表された現場調書（火災発生時の状況を需要家が関係者に説明した調書）では、延焼時には自動的にエサを与える機器や、環境を保持する換気扇などは稼働していたとの証言が記載されていた。

しかし、鑑定書には、これらを制御する遮断器（配線用遮断器）の一次側端子接続部でトラッキングによる短絡が起こり、そのときに発生した火花が可燃性物質に着火して延焼。家畜小屋を全焼し、家畜の焼死につながったと判断されていた。

【3】調査結果

筆者が原因解明の依頼を受け、現場調書などを詳細に検討した結果、自動的にエサを与える機器が稼働していたこと、さらには各小屋の換気扇が稼働していたことなどから、火災時、これらの機器に電力が供給されていたことになる。つまり、制御する遮断器の一次側で短絡が発生したとすれば電力供給は停止、または関連した上位の遮断器は短絡と同時にトリップし、電力供給は停止していたはずである。

さらに、発火場所である配線用遮断器の下部には、事故の２日前に交換された２台の制御機器が設置されていた。なお、２台の制御機器の交換については需要家側からの通知はなく、当然、電気主任技術者は知らなかった。

これは需要家側が保安管理規程に違反していたことになる。

それでは、なぜ、延焼時にエサを与える機器や換気扇が稼働していたのだろうか……。

【4】結論

原因は、交換した２台の制御機器のどこかに接続部の「緩み」があり、この部位で赤熱現象が発生したと考えられる。発生部位では1 200℃以上の高温を発し、電流の変化に伴って火花の飛散現象も起こる。また、赤熱現象は通電電流が１～２A程度でも赤熱部が増殖し続けるため、現場調書の延焼時に機器が稼働していたとの記載にも整合する。

一般に、火炎速度は横に広がるより垂直方向に数倍も早く火炎が伸びる。家畜小屋は横長に約100 mの平屋だったが、本件の場合、換気扇が稼働していたことが延焼した要因になったと考えられる。ただし、当時の風向きによっても火炎の速度や方向に多大な影響を及ぼすことを追記しておく。

本件の原因は、交換した２台の制御機器の接続方法に問題があったと考えられる。したがって、電気設備を管理した電気主任技術者に補償する責務はないとの判断に至った。

事故例②

【1】概要

海岸沿いに建てられた養魚場の電源が、突然、深夜に遮断し、養魚場に海水を供給する機器が停止。養殖していた魚が全滅し、１億円以上の被害が生じた事例である（**写真４～７**）。

電力の供給停止は電気設備の管理に問題があったと、電気主

写真６　高圧受電設備の低圧配電盤部分

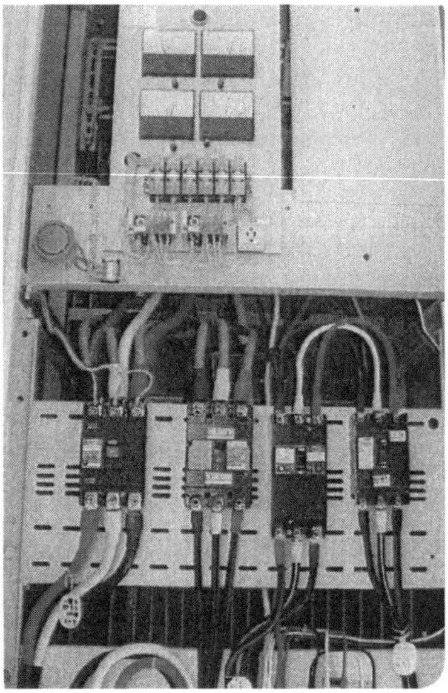

写真４　海岸沿いに建てられた養魚場

写真５　キュービクルが納められた小屋

写真７　停電によって全滅した養魚

任技術者が責務を問われた。

【2】事故の状況

事故当時は猛暑で、キュービクル式の高圧受電設備内は炎天下にさらされた状態だった。

この受電設備は塩害対策としてプレハブ小屋内に設置。旧タイプ（**第1、2図**）のため換気設備は設置されていなかった。また、小屋の裏側には土手があり、風通しも悪かった。

第1図　キュービクル式の高圧受電設備の単線結線図

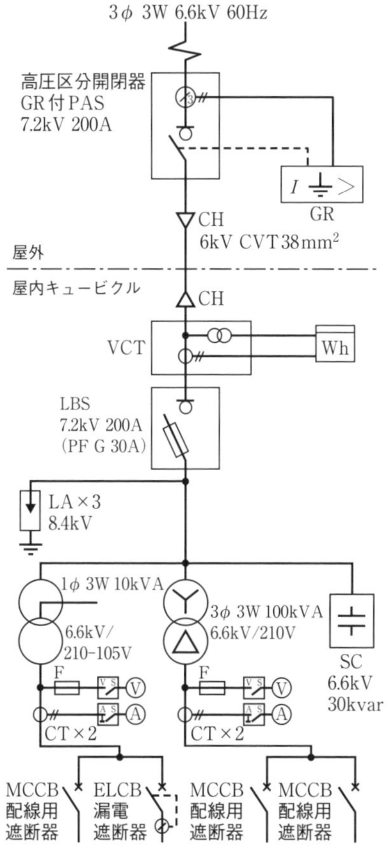

第2図　高圧受電設備の概要

写真８　事故当日の受電設備内の日中の温度

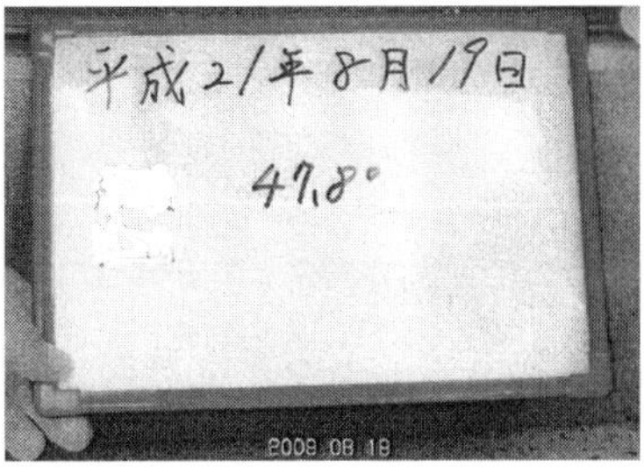

写真９　事故前後の受電設備内の温度

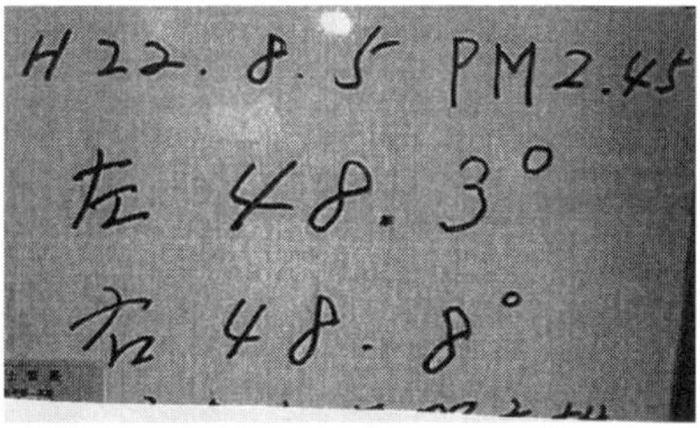

事故発生時は連日のように猛暑が続き、当日の日中は特に温度も高く、室内に設置されたキュービクル内の温度は47℃を超える状態であったという(**写真8、9**)。

この高温を需要家は気になっていたようだが、保守管理を専門機関に委託していることで安心していたとのことである。

【3】調査結果

電力の供給停止原因と電気主任技術者に対する責務について筆者に検証依頼があり、調査することになった。

1)電力の供給停止

電力供給が停止したキュービクル内の温度は47℃を超える状態で、養魚場に電力を供給していた配線用遮断器(三相3線、200 V)は定格電流225 Aに対して、常時215 Aの電流が流れていた。特に、キュービクル内の温度が40℃を超える状態の場合、配線用遮断器の定格電流を補正する必要がある(**第3、4図**)。

補正後の配線用遮断器の定格電流は207.5 Aとなり、215 Aの通電電流に対して103.6％となり、定格電流の7.5 A(3.6％)の過電流状態であった。さらに、遮断器自体が高温にさらされていたためトリップしたと判断できる。

なお、このような条件下で、同じ機種の配線用遮断器を用いて公的な機関で検証実験を行ったところ、明らかに遮断する結果が得られた。

また、JIS C 8201「低圧開閉装置及び制御装置」の6.1.1に、配線用遮断器の周囲温度について「周囲温度は40℃を超えることなく、かつ、24時間の平均が35℃を超えてはならない」との記載がある。

第３図　配線用遮断器の補正曲線と補正状況

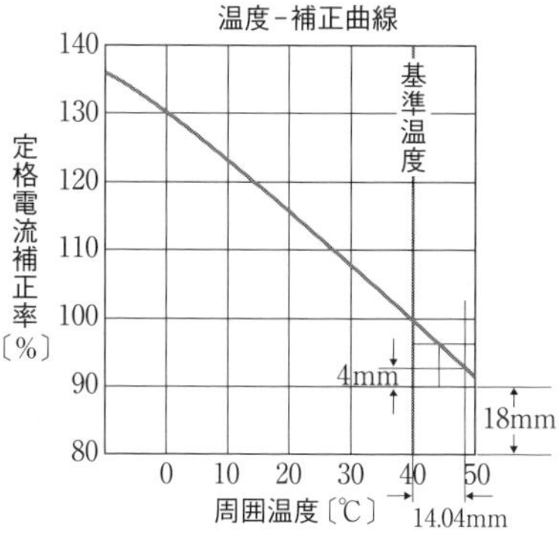

47.8℃のとき
定格電流
225×0.9222≒207.5〔A〕
215÷207.5≒103.6%

47.8℃→
7.8×1.8＝14.04
4.0÷1.8≒2.22
90＋2.22＝92.22%
（定格電流補正率%）

第４図　配線用遮断器（熱動形）の補正曲線

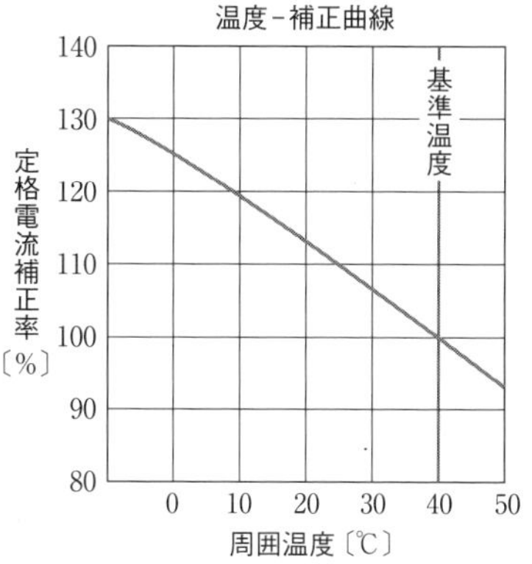

2）電気主任技術者の責務

内線規程 3605-3「分岐回路数」の３項に「連続負荷（連続負荷とは３時間以上の負荷がかかる）を有する分岐回路の負荷容量は、その分岐回路を保護する過電流遮断器の定格電流の 80％を超えないこと」と勧告している。

特に、分岐回路の負荷容量について「１つの分岐回路に接続される負荷容量は配線用遮断器が箱内に納められている場合、分電盤の連続通電電流は過電流遮断器の定格電流の 80％であり、負荷容量も 80％以下となるように設定する」と記載されている。

しかし、なぜ、過電流遮断器の定格電流の 80％以下に連続負荷を抑えなければならないのか、これを理解している電気主任技術者は少ないように感じられる。

配線用遮断器が「箱内に納められている場合」とは、分電盤内や高圧キュービクル受電設備などの「内部」に設置されていることである。すなわち、配線用遮断器は箱内の周囲温度によって動作特性が変わるということだ。動作特性は JIS などで諸条件が定められているが、箱内温度（周囲温度）が

40℃を超えた場合、配線用遮断器の動作機構である熱動形リレーが不要動作を起こし、トリップさせるケースがある。このため、メーカーが示した「温度－補正曲線」から定格電流を補正し、補正後の定格電流以下で連続負荷に対応する必要がある。

したがって、本件は周囲温度が47℃を超える状態であり、定格電流の補正をしないで定格電流の95％の負荷電流が流れていたことに対し、電気主任技術者は需要家に改善の指示を出すべき責務があったと判断できる。

【4】結論

本件は3年近くの長期にわたって論争を行ってきた。結果は電気主任技術者に責務はないと判断された。

しかし、いまだに判然としないものがある。この事例を読んで、筆者の考えに多少なりとも賛同していただける読者がいれば幸いだ。

事故例③

【1】概要

本件は、電子部品を製造する大規模工場で発生した事故である。

電子部品を製造しているため、工場内は多数の大型空調設備により、クリーンルームに近い状態で稼働していた。

事故は深夜に発生したと思われ、工場関係者が午前4時半ころに工場内を点検したところ、空調設備が焼損していることを発見。この時点で、すでに自然鎮火している状態であった。しかし、設備機器の焼損で煙や煤が工場内にまん延し、すべての空調設備の交換が必要になった。

【2】事故の状況

火災の原因と思われる1台の空調設備が激しく焼損し、燃焼時に発生した煙や煤で黒色化状態であった。特に、発火元と思われる空調設備の制御盤内や三相誘導電動機の焼損が激しく、これらの機器が焼損したことで煙や煤が発生したと考えられる。

写真10、11に発火元と思われる制御盤内の電磁開閉器の焼損状況を示す。

この事故で、空調設備メーカーが設置に関連する技術上の問題で責任を問われる訴訟につながっている。

【3】調査結果

火災事故は、空調設備を制御する電磁開閉器の接続端子部で「緩み」が発

写真10　焼損した電磁開閉器（発火元と推定）

写真11　焼損した端子部の状況

T 相端子部　　S 相端子部　　R 相端子部

生し、接続部で赤熱現象に発展。これが欠相につながって三相誘導電動機が単相運転状態となり、焼損に至ったと考えられる。特に、T 相端子の焼損、溶融が激しいことから、この部位で「緩み」が発生し、焼損原因になったものと推定できる。

なお、本件の空調設備では電源側に漏電遮断器の設置が行われていなかったことから、漏電に伴う電源の遮断が行われなかったため、被害の拡大につながったと考えられる。

【4】結論

本件の場合、大型空調設備を多数設置しているにもかかわらず、内線規程などの省令を守らなかったことが被害の拡大につながったと判断できる。施工業者や電気主任技術者が感電事故や漏電火災事故につながる原因を少しでも理解していれば、このような問題が起こらなかったと考えられる。

当然、空調設備メーカーの責任を問えないものと判断された。

26 風力発電設備で発生した火災事故

【1】概要

出力1 300 kWの風力発電設備を26機、1 750 kWを11機有する大型ウインドファーム(**写真1**)に、新たに6機の風力発電設備(2 000 kW/1台)を設置。そのうちの1機で起きた事故例である。

一般に、風力発電設備の事故は台風などの強風によるブレード（羽根）の破損、雷撃がブレードに当たることで起きる焼損などが報告されているが、本件は国内最大級の風力発電設備で運転開始と同時に火災が発生し、ナセル内の発電機や特高変圧器、ブレードが焼損。完全に復旧不可能な状態になった(**写真2～7**)。

写真1　当該事故が発生した大型ウインドファーム

写真2　ナセル後方から煙が発生

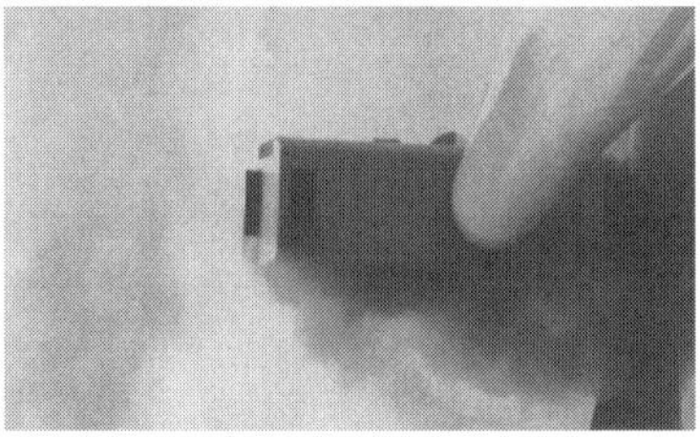

写真3　ナセル後方で火災が発生、延焼が続く

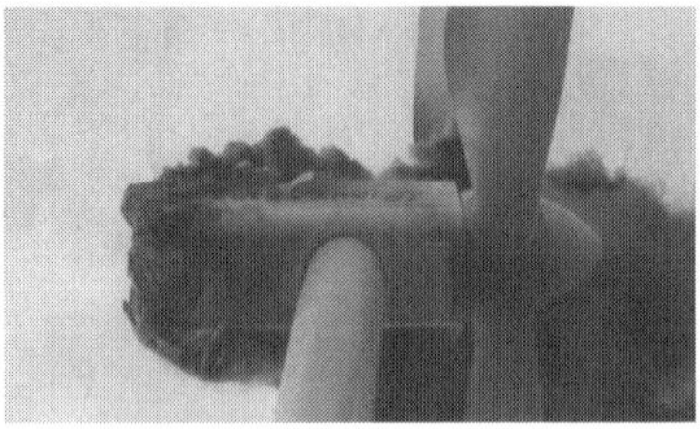

写真4　ナセルが完全に焼損し、ブレードへ延焼

写真5　焼損した風力発電設備

写真6　焼損したナセルの内部

写真7　焼損したハブ

【2】事故の状況

事故に至るまでの経緯として、まず、発電開始前の諸検査が終了し、発電を始めるための外部電源（22 000 V）を受電。同ウインドファームは他の発電設備で発電された電力を22 000 Vで内部系統連系し、ウインドファームから電力会社の送電設備には154 000 Vの電圧に昇圧して売電している。**第1図**に新設した6機の内部系統連系図を示す。

ブレードやナセルを風の方向に調整するために外部電力で稼働させようと電源を投入した瞬間、変圧器が設置されているナセル後方の底部付近から煙が発生。風の方向に広がるように延焼した。

地元の消防署から消防車が駆けつけたが、電力設備であることから消火作業はできずに、自然鎮火するまで待機状態となった。

なお、地上から約90 m近くの高さに取りつけられたナセルやブレードを下すために500トン級のクレーン車が必要なことから、事故発生から約1カ月後の調査となった。現地では小雪が降る季節のため、高さ90 m近くのナセル内は非常に寒く、調査は過酷だったことを記憶している（**写真8**）。

写真9、10に焼損したナセル内の発電機と変圧器を示す。焼損状況から、

第１図　増設された６機の内部系統連系図

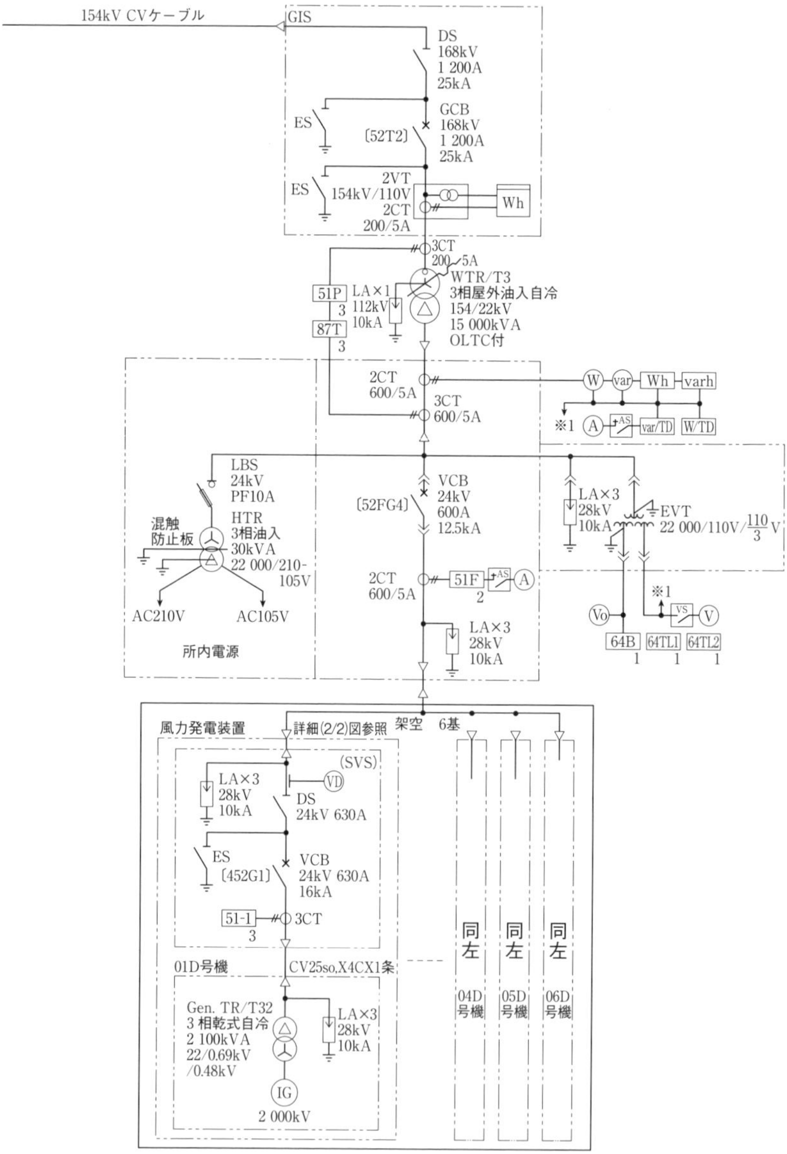

写真８　小雪が降る過酷な環境下で調査を行う

写真９　焼失したナセル内部の変圧器と発電機

写真10　発火源と推定される変圧器の状況

かなり高温で延焼したことがうかがえる。

【3】事故原因

当該のウインドファームに６機の風力発電設備を建設した企業が筆者に事故原因の解明を依頼。運営会社はシンガポール調査機関へ、風力発電設備メーカー（スペイン）はドイツの調査機関へ、それぞれ依頼している。

当初、風力発電設備のメーカーが建設中に発電機などに何らかの損傷を与えた、あるいは雷サージによって焼損につながったのではないかと、設置側に責任があるような対応だったと聞いている。発電開始前の風力発電設備に対する国内の試験（耐圧試験など）では何も問題なかったことから、メーカーの主張も当然だといえる。

依頼者（設置業者側）から原因について推定でもいいから結論を出してほしい旨を受けたことから、徹底して調べることにした。

第２図　諸実験による結果例

○試験電圧［直流による絶縁耐力試験］

・最大使用電圧（22 000×1.15／1.1）×1.25倍＝28 750〔V〕
［交流：AC］（10分間）

・試験電圧（メーター読み値）＝
最大使用電圧×1.25×2＝
57 500〔V〕［直流：DC］

○試験回路

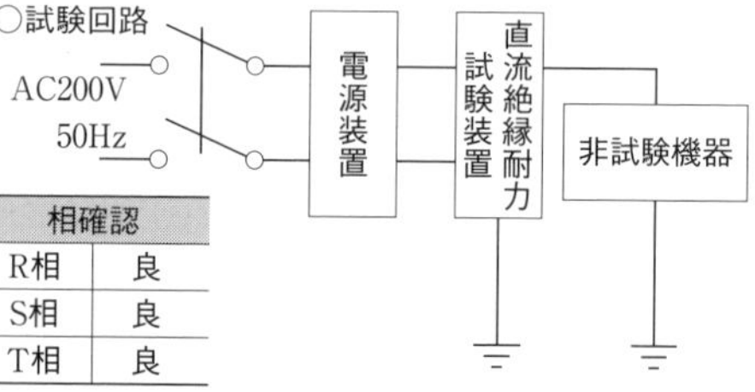

相確認	
R相	良
S相	良
T相	良

被試験設備名	絶縁抵抗〔MΩ〕	測定時間	試験電圧（メーター読み値）〔V〕	充電電流〔μA〕	結果	備考
［フィーダ三相一括］ 22kV AIS 引出し端子 ～ 22kV No.38号柱	耐圧前 2 000	1分	57 500	10.0	良	絶縁耐力試験時間 11:26～11:36
		5分	57 500	10.0		
	耐圧後 2 000	9分	57 500	10.0		

まず、現地にて発電設備の技術マニュアルと実機を確認したところ、違いがあることがわかった。「耐圧試験の印加電圧が誤っていたのではないか」と気がつき、試験担当者に聞いたところ、実機の定格電圧などを確認して試験を行い、事故原因にならないと確認できた。**第２図**は完成後に行った実験の一例である。

焼損した変圧器や発電機の状況を徹底的に調べ、ウインドファーム内の保護リレー（過電流継電器や地絡継電器）などの動作状況も調査。発生要因についてチャート図にまとめ、事故につながるケースの有無を順次つぶして原因を推定することとした。

【４】調査結果

事故の発生要因について、**第１、２表**に挙げた要因を順番に分析し、現場で確認した焼損状況からナセル内のモールド変圧器内部の巻線コイル（約6 cm幅のアルミシートコイル）間で、外部電源を投入したと同時に励磁突入電流による放電が起こり、焼損につながったものと結論に至った。なお、この結論に至るまでには約40ページの調査報告書をまとめている。

ただし、原因を明確にするために、変圧器の解体を国内で検証することを提案したが、変圧器メーカーは韓国で検証したいとの提案もあり、結局、風力発電のメーカーであるスペインの某工科大学の高圧研究室で、関係者の立ち会いの下、検証することとなった。

空輸された変圧器を某工科大学まで搬送。この時点で設置業者側が事故原因を特定した調査報告書のみが提出され、ほかの調査機関は報告書の提出もなく、大学内で初めて3社の調査機関、メーカーなどの合同会議が行われた。このときも設置業者側に責任を問う意見が集中した。このため設置業者側の調査報告書をベースに議論し、いずれにしても解体することで原因が明確になるということで意見が一致。そして、解体後の結果は筆者の見解と一致していた。

以下に調査報告書に記載した「火災発生源の特定」と「結論」の原文を示す。

●火災発生源の特定

総合的に検討した結果、発火原因はモールド変圧器で、二次側コイル（22 000V）のW相内のコイル層間で短絡が発生。リング状コイルが生じ、誘起された電圧 V_1〔V〕とリング状部分のインピーダンス Z_1〔Ω〕（ただし、Z_1 は0に近い）において、$I_1 = V_1 / Z_1$〔A〕の大きな循環電流が流れ、地絡したものである。この場合、過電流継電器51F および51-1が作動しないで64Bが作動し、52FG4がトリップしたものと符合する。また、この熱で最終的にリング状コイルの短絡部分も溶断に至った。

分割コイル間の短絡も同様の原理である。

第1表　事故発生要因の分析方法

	事実確認事項
1)	22kV回路の絶縁耐圧試験を実施し、結果は良好
2)	690V回路の絶縁耐圧試験を実施し、結果は良好
3)	火災事故発生時、連系変電所22kV回路の地絡過電圧継電器（64B）が動作
4)	ただし、連系変電所22kV回路の過電流継電器（51F）は動作せず
5)	また、サイト受電盤内22kV回路の過電流継電器（51）も動作せず
6)	ナセル内の変圧器室内から異音、発煙（火災発生場所は変圧器室に限定）
7)	変圧器室に向かって右手側に最初の炎を確認（事故写真）

64B動作	51F動作せず	51動作せず
↓	↓	↓
22kV回路に地絡事故発生	22kV回路に短絡事故は発生せず（52FG4～サイト受電盤間）	22kV回路に短絡事故は発生せず（サイト受電盤～変圧器二次側）

↓

	現象発生（発火に至る）の可能性
①	変圧器（二次側）自体の不具合
②	避雷器自体（結線接続を含める）の不具合
③	変圧器（二次側）電線接続の不具合
④	間接事故（変圧器一次側/690V回路の不具合）
⑤	間接事故（変圧器三次側/480V回路の不具合）
⑥	間接事故（変圧器一次/三次回路の不具合）
⑦	落雷事故による変圧器の不具合

第２表　事故発生要因について詳細な分析結果

不具合項目	不具合要因	不具合内容	検討内容	可能性
変圧器本体	製造不良	22kV側の内部不良（レアショート等）	1）絶縁耐圧試験結果良好、51不動作での可能性	○
			2）二次的に地絡事故発生の可能性	△
		690V側の内部不良（レアショート等）	1）絶縁耐圧試験結果良好、51不動作での可能性	△
			2）二次的に22kV系での地絡事故発生の可能性	△
		480V側の内部不良（レアショート等）	1）三相一括対地間のメガ測定結果良好、51不動作での可能性	△
			2）二次的に22kV系での地絡事故発生の可能性	△
		モールド絶縁不良	1）絶縁耐圧試験結果良好での可能性	×
			2）二次的に22kV系での地絡事故発生の可能性	○
			3）湿気による絶縁不良（品質不良）	○
			4）二次側巻線間の絶縁不良の可能性	○
	外的要因	絶縁耐圧試験による変圧器内部損傷	1）耐圧試験要領から逸脱した方法で実施の可能性	×
		絶縁耐圧試験後の復旧処理	1）690V側試験用接地（三相一括）の復旧忘れによる三相地絡（690V耐圧試験を22kVのあとで実施しているため考えられない）	×
			2）22kV、480V側は試験用接地（三相一括）していなかったので検討不要	×
			3）アレスタの復旧忘れによる事故	×
			4）変圧器中性点接地線の復旧忘れによる事故	×
		変圧器本体結線の不具合	1）現地で実施した結線変更のミス	×
			2）結線の緩み	×
		メーカー工場および現地据付時の損傷	1）現地絶縁耐圧試験結果良好での可能性	△
		避雷器自体の不具合	1）出火の可能性なし	×
			2）地絡現象発生せず	×
		工具、その他の置き忘れ	1）22kV側での短絡の可能性なし（51不動作）	×
			2）690V側での短絡の可能性	×
			3）480V側での短絡の可能性	×
			4）690V、480V側での短絡の可能性	×
		落雷による不具合	1）落雷による絶縁不良（耐圧試験～初充電の間）	×

不具合項目	不具合要因	不具合内容	検討内容	可能性
外線ケーブル（メーカー支給品）	22kVケーブル（現地で接続）	ケーブル自身の不良	1）ケーブル被覆の損傷の可能性（絶縁耐圧試験結果良好）	×
			2）端末処理の不具合（絶縁耐圧試験結果良好）	×
		結線の緩み	1）スパークによる出火の可能性	×
			2）二次的に地絡事故発生の可能性	×
	690Vケーブル（現地接続なし）	ケーブル自身の不良	1）ケーブル被覆の損傷の可能性（絶縁耐圧試験結果良好）	×
			2）端末処理の不具合（絶縁耐圧試験結果良好）	×
		結線の緩み	1）スパークによる出火の可能性	×
			2）二次的に22kV系での地絡事故発生の可能性	×
	480Vケーブル（現地接続なし）	ケーブル自身の不良	1）ケーブル被覆の損傷の可能性（メガ測定結果良好？）	×
		結線の緩み	1）スパークによる出火の可能性	×
			2）二次的に22kV系での地絡事故発生の可能性	×

●「結論」

当該の風力発電所No.06Ｄ号の火災事故は、同機ナセル内部のモールド変圧器のＷ相巻線に不具合があり、それが引き金となってＷ相内部のコイル層間で短絡が起こり、火災につながったものである。

写真 11　発火源となった変圧器の内部

写真 12　分割コイル間のバラバラな空隙

【5】某工科大学での原因解明

モールド変圧器の解体は、筆者を含め、関係者全員が立ち会って行われた（**写真 11、12**）。

アルミシートコイル間の幅はバラバラで、狭い幅のところには絶縁材のモールドもなく、空隙状態であり、さらに、分割コイル間の数カ所で放電が起こっていたことも判明した。

この結果、筆者の原因解明結果と一致。変圧器メーカー側が製造不良であることを認めた。

【6】防止策

本件の場合、風力発電設備の完成前後に国内で規定された設備機器に諸実験を行って運転開始となったが、耐圧試験の場合、試験電圧を徐々に昇圧するスロープ試験で、励磁突入電流による影響は考慮されていない。そうなると、変圧器内部で微小なコロナ放電などを検出するノイズチェックで確認する方法も検討すべきである。

いずれにしても、徹底した試験を行うことが重要である。特に、海外製品を使用する場合には微細にわたって品質を確認することが大切である。

27 大規模太陽光発電設備で発生した地絡事故

【1】概要

本件は大規模太陽光発電設備(発電出力 14 MW)のソーラーパークで発生した事故である。発電所から電力会社に売電するため、22 kV (CVT ケーブル) で配電系統へ連系。この接続部で異常が発生し、電力供給がストップした。調査したところ、CVT ケーブルの T 型端末の地絡事故が原因と判明。その発生要因を解明することになった。

【2】事故の状況

本件のソーラーパークは送電開始から 1 年も満たないうちに発生した事故である。特に、CVT ケーブルの T 型端末接続部 (エポキシ樹脂製) の絶縁栓が周辺に飛散していたことから、この部分で絶縁破壊が起こり、地絡に至ったと判断された。

なお、地絡発生に伴って送電設備のフィーダがトリップしていることも確認された。このため、LBS で系統を開放し、詳細に調査したところ、RMU (リングメインユニット) ケーブル端末の絶縁栓部位では絶縁抵抗が 0 であったことから完全地絡に至ったものと判断した(**写真 1、第 1 図**)。

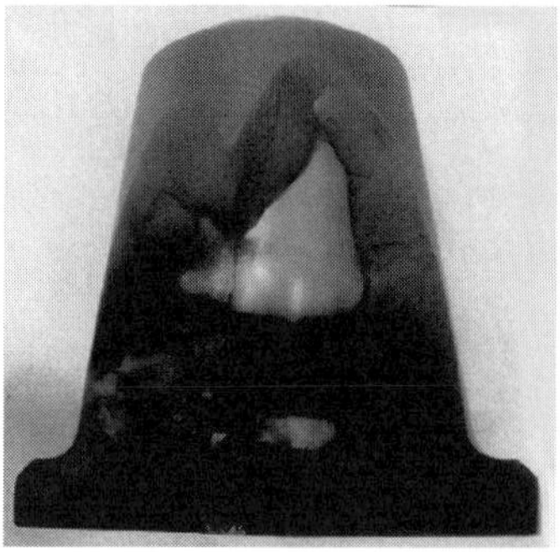

写真 1　絶縁栓 (T 型端末接続部) の破断状況

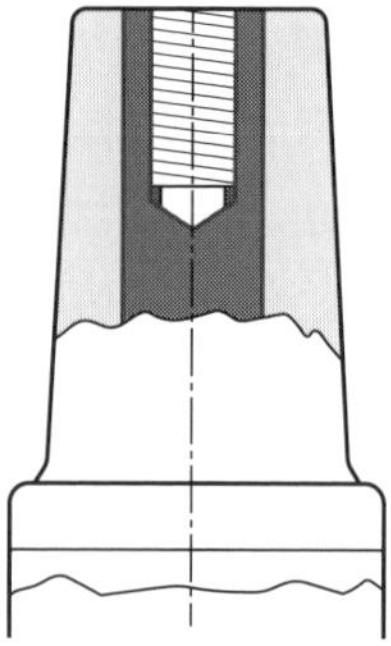

第 1 図　絶縁栓内部の構造

【3】事故原因

地絡により焼損したCVTケーブルのエポキシ樹脂製T型コネクタの破断面を顕微鏡およびX線で観察して分析。さらに、未使用のT型コネクタ（以下、絶縁栓）を用いた再現実験などによる検証、施工マニュアルからの問題点、文献の調査などから原因を調査した。以下に示す検証方法で原因の解明を行った。

●焼損、破損した絶縁栓による地絡事故の発生原因の検証

①焼損、破損した絶縁栓（破断した各部分）を組み合わせた状況からの推定

②焼損、破損した破断面を顕微鏡で観察し、発生要因を推定

③焼損、破損した絶縁栓内部のX線観察による推定

④地絡発生源および地絡経路についての推定

⑤絶縁栓のキャップ（検電キャップ）の耐電圧についての検証

●未使用の絶縁栓の性能についての検証

⑥絶縁栓の取りつけ作業時の過剰な締めつけトルクによる発生要因の推定

⑦絶縁栓内のクラック長と耐電圧の検証

⑧冷熱衝撃試験（80 ℃を1時間、− 25℃を1時間の温度サイクルで10回）を行った結果から絶縁性能についての評価からの推定

⑨落下試験（衝撃試験）による打撃痕の検証

●文献からの地絡事故の発生要因の検証

⑩絶縁栓内部での地絡発生要因となるトリー現象などについての調査

【4】調査結果

検証方法に基づいて、地絡事故の発生原因についての調査結果を以下に示す。

①について、焼損した絶縁栓は22 kVの充電部を持つ本体と3個の破断片に分裂した（**写真2、3**）。この状況から、地絡時に発生した熱応力などによって絶縁栓の内部では大きな力が加わり、爆発に至ったものと判断できる。

②について、焼損、破損した絶縁栓の破断部（亀裂部）および破断面（**写真4、5**）は絶縁栓が落下したときの打痕傷と類似しているが、顕微鏡観察の結果、傷は焼損時に発生した煤や焦げの上側であり、さらに落下痕とは異なっていることが確認されたことから、地絡後に発生したものと判断できる。

写真２　破断片を組み合わせた状態

写真３　絶縁栓のキャップ

写真４　絶縁栓の破断状況の拡大版①

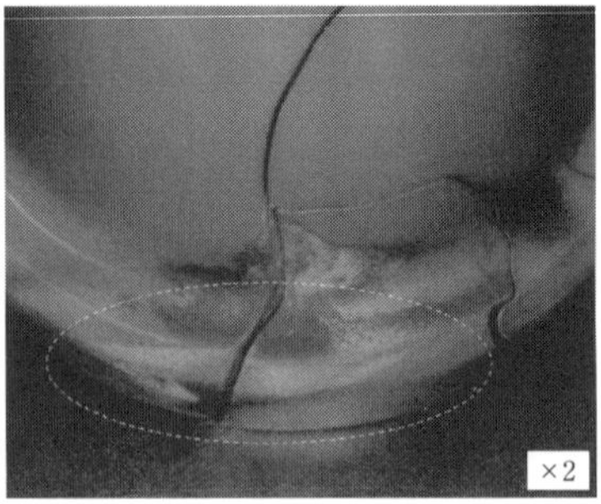

写真５　絶縁栓の破断状況の拡大版②

③について、4つに分裂した破断面を組み合わせた状態でX線による観察を行った結果、絶縁栓内部に明らかに空隙が存在している（**写真6～8**）。

また、この空隙を介して充電部から地絡が発生した経路を確認。写真6、7から絶縁栓下部にはリングメイン扉の方向に走ったと思われる。

④について、地絡発生源（放電痕）を確認するため、4個の破断面を洗浄し、顕微鏡で観察した結果、黄銅性の埋め込み金具双方（充電、ねじ用）に3カ所の放電痕が確認された（**写真9、10**）。また、これらの放電痕は3カ所の地絡経路を介して事故に至ったと判断できる。

なお、絶縁栓内部には当初から何らかの要因で空隙が存在していたと判断せざるを得ない。

⑤について、地絡は絶縁栓のキャップ（**写真11**）からリングメイン扉に放

写真６　Ｘ線観察による絶縁栓内部の状況①

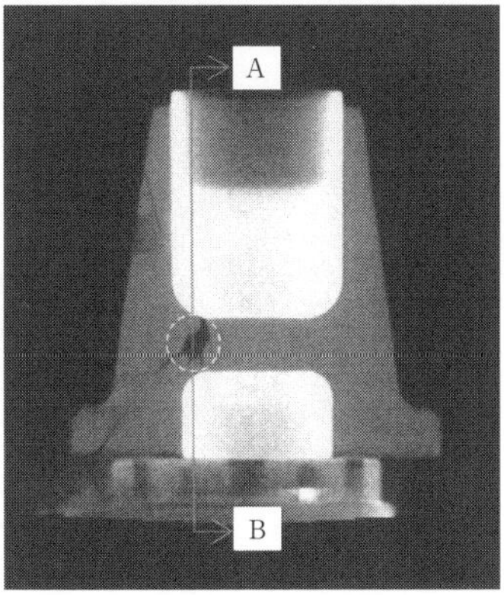

写真７　Ｘ線観察による絶縁栓内部の状況②

写真８　未使用状態の絶縁栓内部

写真９　破断した絶縁栓の顕微鏡観察①

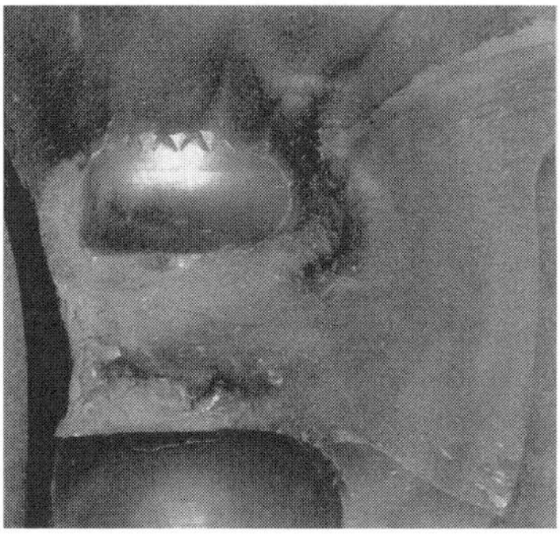

写真 10　破断した絶縁栓の顕微鏡観察②

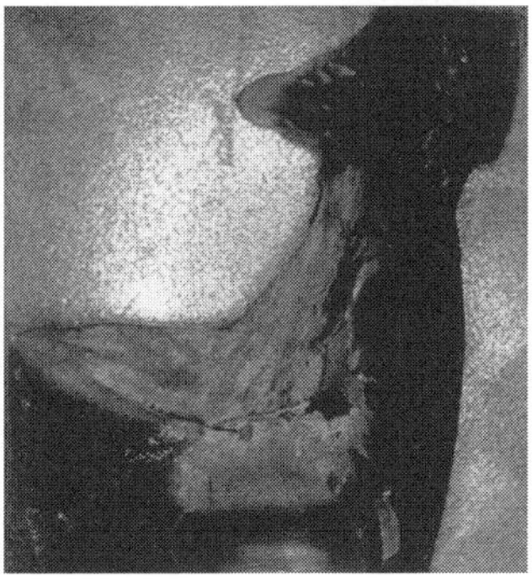

写真 11　絶縁栓のキャップの地絡部分

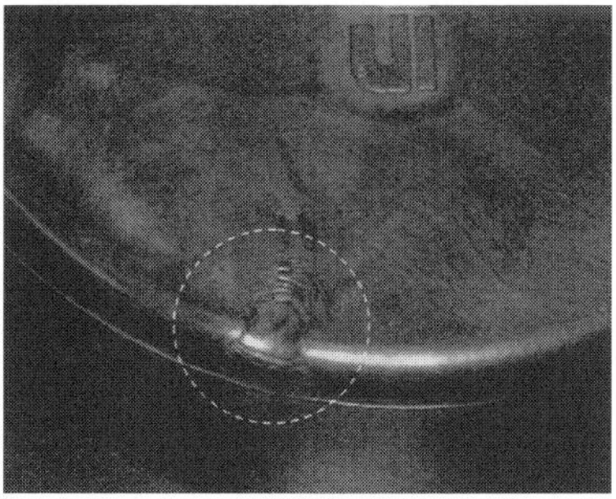

第1表　絶縁抵抗測定の結果

絶縁栓のキャップ	絶縁抵抗〔MΩ〕
地絡品	0.035
新品	0.025

第2表　冷熱衝撃試験の条件

試験	温度	保持時間
高温側	80℃	60分
低温側	−25℃	60分
移行時間	5分以内	

写真12　未使用の絶縁栓の断面

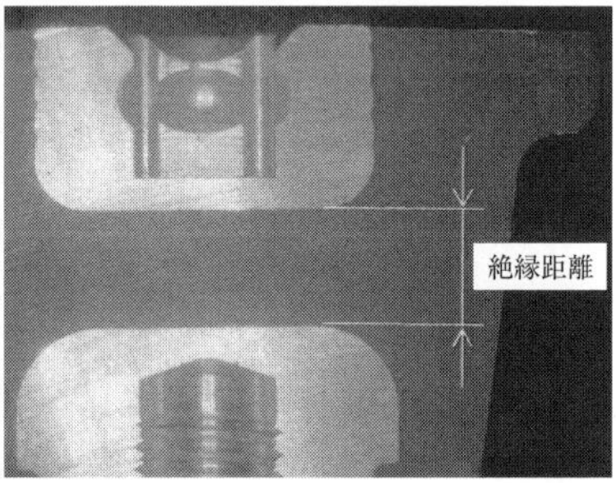

電し、地絡していることからキャップの耐電圧試験を行った結果、耐電圧が1 000 Vに満たない状態であった（**第1表**）。また、1 000 Vの絶縁抵抗計で測定した結果でも0.025～0.035 MΩと低いため（**第2表**）、絶縁栓の漏電がキャップを介してリングメイン扉に放電することは容易に起こると確認された。

⑥について、絶縁栓を50 Nm以上のトルクで締めつけた場合、砕けることが確認されているが、規定トルクを多少オーバーしても問題はない。そして、この状況を切断面で確認した結果、クラックやボイドの発生は確認されていない（**写真12**）。

なお、黄銅性の埋め込み金具間の離隔距離は7.7 mmであった。エポキシ樹脂の耐絶縁性能は20～30 kV/mmで、これを考慮すれば、エポキシ樹脂内にクラックやボイドが存在しない限り、地絡の発生は起こらない。

⑦について、クラックの長さを想定し、絶縁栓のキャップ側から極細のドリルを使って1 mm間隔で掘り下げ、深さごとに絶縁耐力試験を行った（**第3表、写真13、14**）。

⑧について、現場は寒暖差が激しい地域であり、運転期間を考えると、第3表の条件で10サイクルを連続して行った結果、冷熱衝撃試験開始前と終了後の絶縁抵抗は4 000 MΩ以上であり、地域の温度環境は問題がないと判断できる。

⑨について、作業中に絶縁栓を落下させた影響を考え、落下試験を行った（**写真15**）。この写真15と写真1、2を比較すると、明らかに本件の痕跡

第３表　冷熱衝撃試験の結果

試験	絶縁抵抗（冷熱衝撃前）	冷熱衝撃観察	絶縁抵抗（冷熱衝撃後）
試験結果	4 000MΩ以上	異常なし	4 000MΩ以上

写真 13　絶縁耐力試験の状況①

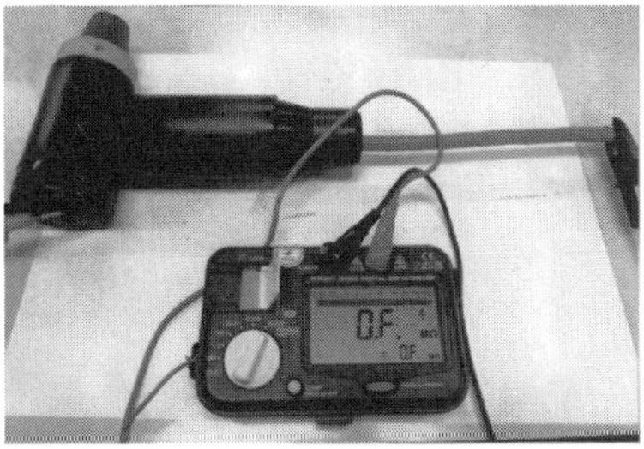

写真 14　絶縁耐力試験の状況②

写真 15　落下後の打撃痕

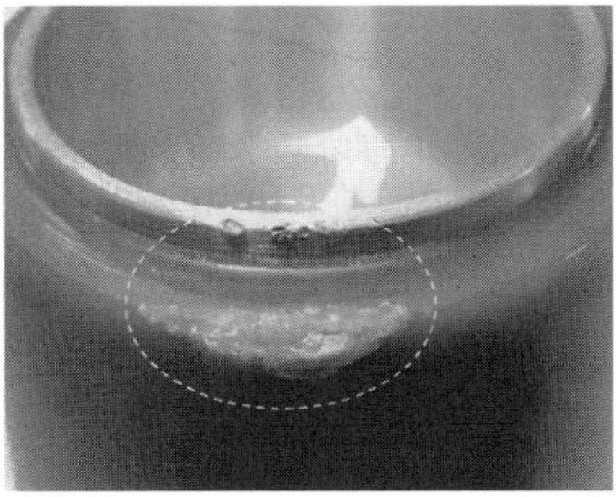

と異なっていることがわかる。つまり、作業中の落下に伴う痕跡ではないと判断できる。

⑩について、高電圧などで使用される絶縁材の破壊現象として、トリー現象が挙げられる。さらに分類すると電気トリー、化学トリー、水トリーなどがある。

電気トリーは針のような鋭い電極先端に高い電圧が印加されたとき、樹木状に微小な破壊が発生する現象である。

化学トリーは銅線と反応するような薬品、特に硫化イオンの存在する水中に敷設されているケーブルで、架橋ポリエチレンなどのなかに硫化銅、酸化銅が樹木状に沈殿して破壊にいたる現象である。

水トリーは水と小さなボイドが集まった部位で発生する現象で、電極から発生するケースと、絶縁体中のボイドや異物を中心に発生する場合がある。

本件では絶縁栓内に絶縁破壊につながるクラックが発生したことが原因と考えられることから、上記のトリー現象とは異なると判断できる。

【5】作業手順書についての検証

ここで、作業手順書に基づいて、作業者のミスによる発生要因について検証する。

CVT ケーブルの端末接続用デッドブレーク T 型接続器の作業手順に基づき、作業者が絶縁栓を取りつける場合、ミスによって事故につながる危険性を検討した結果、以下の点で留意すべきである。

・「絶縁栓の表面を清掃したあと、ドライヤーなどを使用して十分に乾燥させる」とあるが、22 kV の高い電圧の絶縁材料には熱に対して注意が必要である。したがって、「ドライヤーなどの熱容量を想定し、局部的な過熱を避ける」という指示が必要だと思われる。

・「絶縁筒勘合面間のエアを外に出す」とあるが、エアが完全に抜けたかどうかの判断をわかりやすくすべきである。

・「ブッシング導体面から接続ボルトの先端面（図 A の寸法）を測定し、記録しておくこと」とあるが、どこに図 A が示しているのか不明である。

・作業中に絶縁栓をコンクリートなどに落下させ、絶縁栓に打撃痕が確認された場合、未使用品との交換を指示すべきである。

【6】結論

検証結果に示すように、地絡事故の原因は絶縁栓内に当初からクラックが存在し、これが寒暖差の激しい環境下で経年劣化（クラック内部に湿気などの影響を含む）が進行。これに伴って絶縁性能の低下が地絡事故につながったものと判断できる。

なお、クラックの発生要因については作業状況や作業環境を検討した結果、当初から絶縁栓内に微細なものが存在していたという流れが合理的である。

また、作業手順書については作業者にわかりやすく解説し、安全、安心な作業ができるようにすることが重要である。

【7】防止策

本件のような事例は極めてレアなケースである。しかし、事故が発生したら多大な損害につながるため、可能であれば超音波などによる樹脂内のクラックやボイドの検出を行い、未然に事故を防止する手法を検討すべきである。

28 大規模太陽光発電設備で発生した火災事故

【1】概要

本件は大規模太陽光発電設備で発生した事故である。近くを歩いていた通行人が、敷地内の設備から黒煙が上がっているところを発見。すぐに消防が駆けつけたが、電気設備のため自然鎮火を待つという状況であった。

【2】事故の状況

ソーラーパネルで発電した電力をまとめる接続箱から出火したことが判明。火災に伴って電力供給が停止した。

この接続箱はストリングモニタ機能つきのインテリジェント設備で、自然鎮火した盤内の配線器具類の大半は焼損した状態であった。したがって、配線器具類が発火原因かと思われたが、焼損状態が激しくて解明することは困難な状況にあった。ただ、発電開始後から出火に至るまでに、盤内に収納された多数の配線器具に異常があり、交換などが行われていた。

本発電設備は寒暖差が激しい地域に設置され、ストリングモニタ機能つきの接続箱内から出火し、配線を含めた配線器具類の大半が焼損。さらに、器具の取りつけ用の鉄製DINレールや銅バーの一部も溶断していることから、盤内は高温に至ったものと判断された(**写真1**)。

特に、本発電設備は充電開始から約3カ月で盤内に取りつけられたヒューズつき開閉器のヒューズが溶断。以降の2年間で同様に数十本のヒューズが溶断し、交換されていた。

写真1　焼損した盤内の状況

さらに、交換時にはヒューズホルダの外装が茶褐色に変色し、変形したものも確認されている。また、ヒューズつき開閉器の接続端子や電線の絶縁シースは黒色に焦げたもの、茶褐色に変色したものも確認されたことから、管理者は対策としてヒューズつき開閉器に接続する圧着端子の交換や、指定された締めつけトルクの確認なども徹底して行っていたという。

しかし、このような対策でも効果はなく、火災に至ったことから、開閉器の構造上の問題を含めて原因解明を行うこととした。

【3】事故原因

接続箱内の焼損状況から、原因の推定および充電開始後に発生した配線器具などの異常発生要因について、下記の方法で検証した。

①充電開始後の設備管理状況からの推定

②接続箱内部の焼損状況からの推定

③ヒューズつき開閉器の構造的な問題点の有無についての検証

④接続箱の配線器具の取りつけ状況からの推定

⑤配線器具と電線との接続方法(電線挿入部などを含む)の問題点の有無

⑥ヒューズホルダつき開閉器と接続端子の違いによる接続部の温度上昇

⑦多数のヒューズつき開閉器が連結して設置されていることから干渉発熱の影響についての検証実験による推定

⑧ソーラーパネルの設置環境(温度環境)からの推定

⑨本件に関連した文献などからの推定

【4】調査結果

上記に挙げた事故原因の推定および検証結果を以下に示す。

①について、充電開始から3カ月で盤内のヒューズ1本が溶断し、さらに、以後の2年間で数十本のヒューズを交換した状況から、ヒューズつき開閉器自体に問題がある可能性を示唆している。

なお、ヒューズの定格電流は直流12 Aで、技術マニュアルで判断する限り、周囲温度が40℃程度では定格電流はやや減少するものの、通常の充電電流は最大で9 A以下であったことから、定格電流を超えてヒューズが溶断したものとは考えられない。

したがって、溶断の原因としてヒューズホルダ内部の影響により高温化したケースと、外気と接続箱内の温度環境によってヒューズが溶断したケースが考えられる。

なお、発電設備の設置場所での外気温について調査した結果、調査時の最高気温は 38 ℃近くに達する日もあり、盤内部の発熱を考慮すればヒューズに与える影響も大きいと推定される（**第 1 表**）。また、冬季の最低気温はマイナス 3.9 ℃であったことから、寒暖の差は約 43 ℃と大きく、この影響も無視できない。特に、盤内の温度環境は開閉器内部（ヒューズホルダや接続部）からの発熱などによってヒューズの溶断や電線の変色につながったものと判断される。

②について、ヒューズホルダの溶融と幹線用銅バー、配線器具の取りつけ用の鉄製 DIN レールが溶断し（**写真 2、3**）、特に、絶縁電線の焼損はもちろん、ヒューズつき開閉器が跡形もなく焼損していることから、盤内部の温度は 1 200 ℃以上の過熱があったものと推定される。

第 1 表　発電所周辺の夏季と冬季の外気温

a）2018 年 8 月

日	気温〔℃〕				
	平均	最高		最低	
		値	時分	値	時分
15	27.6	30.3	13 時 42 分	22.7	—
16	22.8	24.6	17 時 43 分	20.4	21 時 43 分
17	20.5	22.9	13 時 24 分	18.2	6 時 47 分
18	20.2	23.0	15 時 36 分	15.8	—
19	20.0	24.0	11 時 43 分	15.4	4 時 27 分
20	22.7	27.5	15 時 36 分	16.5	4 時 21 分
21	26.9	33.1	13 時 47 分	21.0	4 時 44 分
22	27.9	30.4	12 時 39 分	25.3	2 時 23 分
23	30.8	37.7	15 時 25 分	23.9	4 時 50 分
24	28.6	32.4	6 時 56 分	25.5	—

b）2019 年 2 月

日	気温〔℃〕				
	平均	最高		最低	
		値	時分	値	時分
6	5.0	9.4	15 時 34 分	0.2	5 時 05 分
7	5.2	9.8	8 時 12 分	− 1.1	23 時 21 分
8	− 2.5	0.2	0 時 08 分	− 3.9	12 時 48 分
9	− 1.4	0.3	10 時 29 分	− 3.5	—
10	− 1.3	1.2	21 時 07 分	− 3.5	0 時 04 分
11	0.5	2.6	15 時 00 分	− 1.1	23 時 48 分
12	0.1	1.6	8 時 56 分	− 1.4	14 時 32 分
13	− 0.4	0.6	10 時 29 分	− 1.4	19 時 29 分
14	− 0.3	1.2	23 時 06 分	− 2.3	7 時 00 分
15	1.1	2.8	13 時 28 分	− 1.7	21 時 36 分

写真２　ヒューズホルダの溶融状況

写真３　DINレール、銅バーの溶断状況

a）DINレール　　b）銅バー

写真４　Ａ社（上）、Ｂ社（下）のヒューズつき開閉器の内部構造

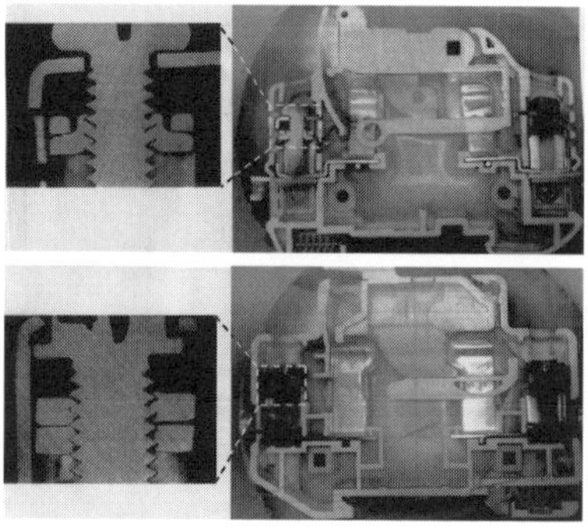

直流電圧の場合、交流電圧に比べて電圧変化がないため微小放電でも連続したシンチレーション（微小な火花放電）につながって発生しやすいことから、接続部などで赤熱現象が発生したことが容易に推定される。

③について、ヒューズつき開閉器の内部構造（**写真４**）から、開閉器の入力端子から出力端子までの電流の流れは、入力端子から入力用のステンレス製ヒューズホルダを介して筒型ヒューズに流れ、出力用のステンレス製ヒューズホルダを通じて接続端子に流れる。したがって、接触面は４カ所ある。特に、ヒューズホルダはステンレス製で接触抵抗は高く、検証に使用したＡ社、Ｂ社ともに４カ所の接続部を持つ構造であることから、開閉器内部での発熱は当然ながら高くなる。そのため、ヒューズの溶断に多大

写真5　DINレールに設置されたヒューズつき開閉器のサーモカメラ画像

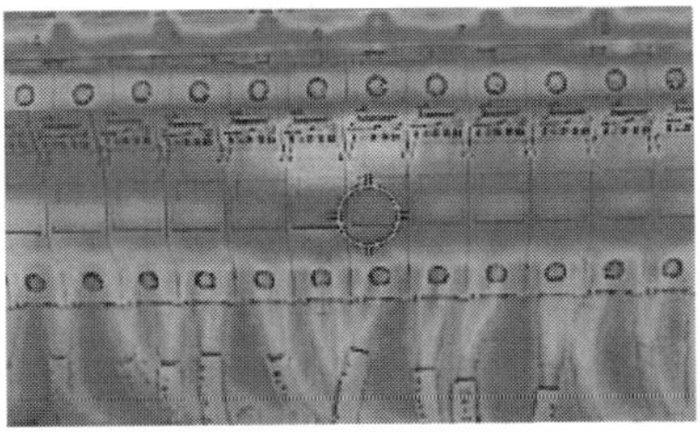

写真6　中央部は55～70℃に高温化

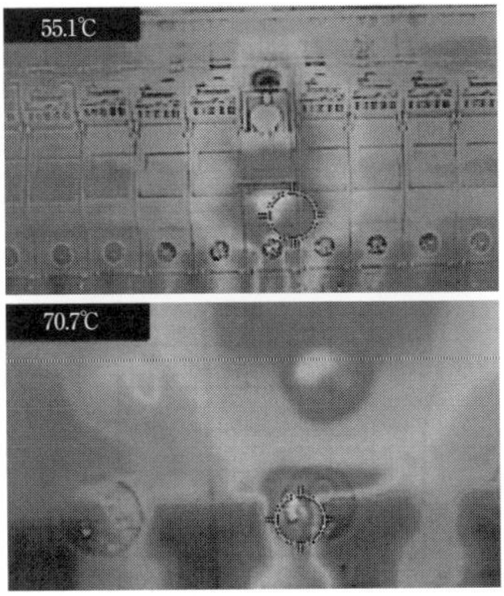

な影響をもたらすことが推測できる。

④について、二十数個のヒューズつき開閉器が密着状態でDINレールに取りつけられていることから、中央部のヒューズつき開閉器は左右に取りつけられた開閉器の発熱の影響をダイレクトに受けることになる（**写真5、6**）。特に、開閉器は中央部ほど放熱条件は悪くなることから、中央部に近いほど干渉発熱で高温化するため、ヒューズの溶断や接続部の変色につながったと判断できる（**写真7、8**）。

⑤について、ヒューズつき開閉器に指定された絶縁つきフェルール端子（絶縁つき圧着棒端子）で接続した絶縁電線が過熱により数カ所で茶褐色に変色していることが判明。さらに、絶縁電線を直接接続した場合でも同様であったことから、開閉器の構造上の問題からY端子とブレード端子を採用している（**写真9～11**）。

配線器具とフェルール端子や直接接続の場合、接触面が線接触や素線のバラケなどで、熱応力や経年劣化による応力緩和が起こりやすいことから、接続不良につながる危険性がある。このような接触面の接続では、周囲の温度環境が多大であることから焼損につながったものと推測される。

なお、接続部の「緩み」の検証として把握率で評価した結果、本発電設備で使用されているヒューズつき開閉器では、A社の最小把握率は0.4、最大把握率は0.7で、B社の最小把握率は0.75、最大把握率は0.9であった（**第2表**）。したがって、緩みが発生する確率はA社のほうが高く、接続不良に

写真7　ヒューズホルダの変色状況

写真8　開閉器の変色状況

写真9　フェルール端子（棒端子）

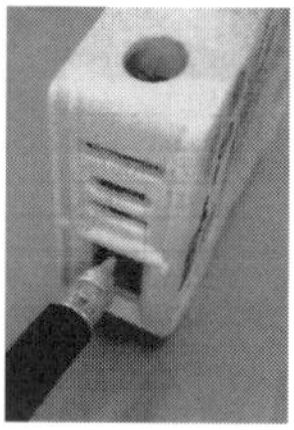

写真10　ブレード端子

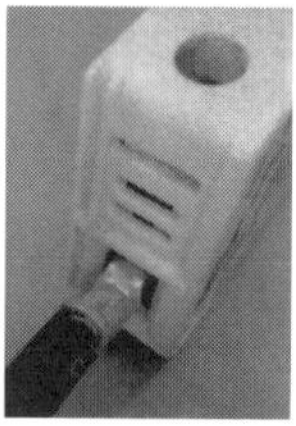

写真11　Y端子

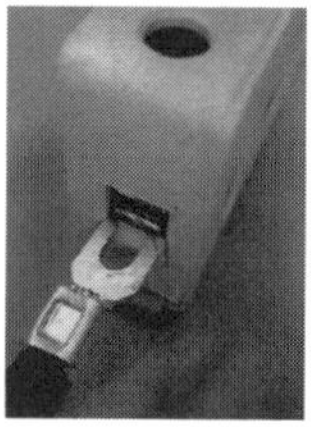

つながる危険性がある。これはネジの接触面（ネジ山）の違いからも判断できる（写真4を参照）。

なお、**第3表**に把握率を高めるために繰り返し締めつけた結果を示す。把握率とは「締めつけトルク」に対して「戻しトルク」との比で表したもので、以下の式で表すことができる。

$$\text{把握率〔\%〕} = \frac{\text{戻しトルク}}{\text{締めつけトルク}} \times 100$$

⑥について、**写真12**の開閉器内部の1～4に示す部位の温度上昇につい

第２表　締めつけ回数が１回のときのＡ社とＢ社の把握率

メーカー	A社		B社
ネジのサイズ	M4		M5
締めつけトルク	1.2Nm（JIS端子台規格）	2.5Nm（メーカー指定値）	2Nm（JIS端子台規格、メーカー指定値）
1	0.4	1.2	1.6
2	0.7	1.3	1.5
3	0.4	1	1.7
4	0.6	1.5	1.8
最大値	0.7	1.5	1.8
最小値	0.4	1	1.5
平均値	0.53	1.25	1.65
把握率	0.44	0.5	0.83

第３表　締めつけ回数を４回にしたときのＡ社とＢ社の把握率

メーカー	A社		B社
ネジのサイズ	M4		M5
締めつけトルク	1.2Nm（JIS端子台規格）	2.5Nm（メーカー指定値）	2Nm（JIS端子台規格、メーカー指定値）
1	0.9	1.6	1.6
2	0.5	1.3	1.5
3	1	1.9	1.7
4	0.9	1.7	1.7
最大値	1	1.9	1.7
最小値	0.5	1.3	1.5
平均値	0.83	1.63	1.63
把握率	0.69	0.65	0.82

て、交流９Ａの通電電流で測定した結果を**第４表**に示す。ここから、全体的にＡ社のほうが接続部の温度が高い傾向にあると判断できる。

⑦について、交流９Ａと11Ａで**写真13**に示す各部位の温度変化についてヒートサイクル試験を行った結果、端子接続部１と３（連結接続の両端）に比べて、端子接続４と５（連結接続の中央）に向かって温度が高くなっていることがわかる（**第５、６表**）。これは開閉器の中央部では干渉発熱によって温度が高くなるため、開閉器への影響も大きいといえる（写真５を参照）。

⑧について、事故発生年度の温度環境は冬季と夏季で約50℃の寒暖差があり、開閉器内部の温度上昇を考えれば接続箱内への影響も大きい。

⑨について、接続部の信頼性についての評価方法として、「緩み」の発生

写真 12　接続部の測定部位

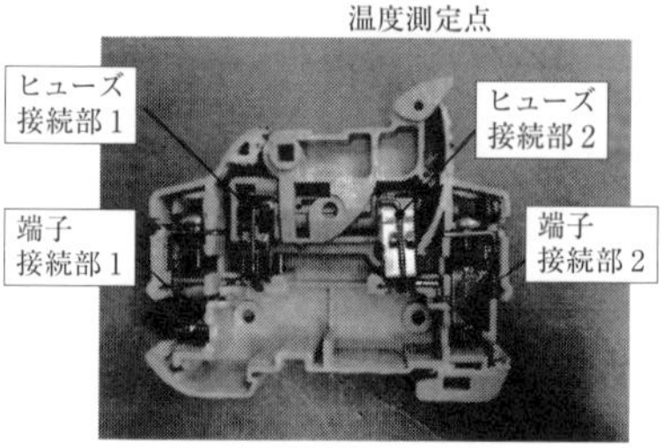

写真 13　連結接続時の温度測定部位

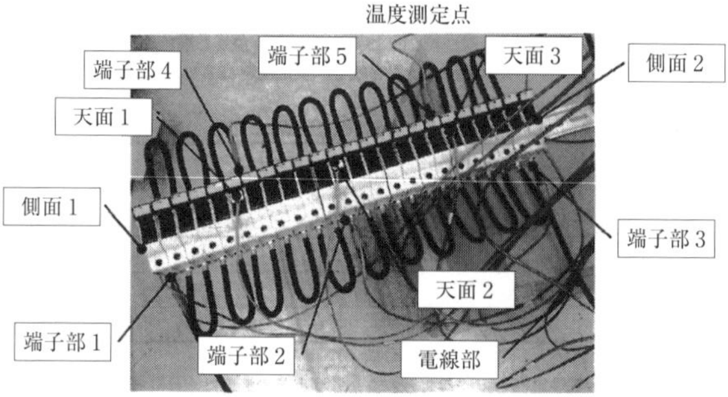

第 4 表　交流 9A を通電したときの A 社と B 社の各部位の温度上昇

メーカー	A 社					B 社				
締めつけ力	2.5Nm（メーカー指定値）					2.5Nm（メーカー指定値）				
接続端子	TC3.5-11S	5.5Y-4	BT5.5-13	TE6.0-12 ※	電線のみ	TC3.5-11S	5.5Y-4	BT5.5-13	TE6.0-12 ※	電線のみ
端子接続部 1	35.6℃	36.8℃	36.8℃	37.1℃	36.4℃	33.9℃	－	41.7℃	37.7℃	36.7℃
端子接続部 2	37.1℃	38.7℃	37.8℃	34.2℃	37.9℃	32.6℃	－	34.8℃	34.5℃	34.2℃
ヒューズ接続部 1	41.3℃	42.5℃	42.2℃	43.3℃	41.5℃	39.7℃	－	45.0℃	44.0℃	42.6℃
ヒューズ接続部 2	40.9℃	42.9℃	42.2℃	38.0℃	41.4℃	36.4℃	－	39.1℃	38.5℃	38.5℃
室温	22.4℃	23.2℃	23.4℃	23.4℃	22.9℃	22.4℃	－	23.4℃	23.4℃	22.9℃

※：フェルール

率から検討する把握率がある。本件のような構造の接続では作業マニュアルなどで把握率の高くなる接続方法を施工者に指示すべきであった。

また、配線器具を連結して DIN レールに取りつける場合、干渉発熱に対する検討が必要であったと判断できる。

【5】結論

④の検証結果に示すように、ヒューズつき開閉器の接続部における過熱

第５表　ヒューズホルダの温度上昇値（交流9A）

メーカー	A 社			B 社		
サイクル	1	100	200	1	100	200
端子部 1	37.2℃	37.6℃	36.5℃	44.1℃	39.6℃	37.4℃
端子部 2	42.7℃	43.2℃	42.1℃	41.5℃	39.4℃	39.9℃
端子部 3	39.5℃	39.7℃	38.5℃	44.1℃	46.8℃	46.5℃
端子部 4	42.3℃	43.5℃	41.9℃	40.0℃	39.6℃	39.4℃
端子部 5	42.6℃	42.9℃	42.0℃	40.4℃	40.1℃	38.9℃
電線部（素線）	24.6℃	24.7℃	23.5℃	24.6℃	24.7℃	23.5℃
室温	22.7℃	23.0℃	21.7℃	22.7℃	23.0℃	21.7℃

第６表　ヒューズホルダの温度上昇値（交流11A）

メーカー	A 社			B 社		
サイクル	1	100	200	1	100	200
端子部 1	46.8℃	46.6℃	46.6℃	54.7℃	45.1℃	44.8℃
端子部 2	54.4℃	55.0℃	55.0℃	49.2℃	50.1℃	50.1℃
端子部 3	49.0℃	49.1℃	49.2℃	61.8℃	52.9℃	48.3℃
端子部 4	54.6℃	55.3℃	55.5℃	49.9℃	49.9℃	49.4℃
端子部 5	56.3℃	56.0℃	56.2℃	51.3℃	51.1℃	51.7℃
電線部（素線）	25.4℃	24.8℃	25.0℃	25.4℃	24.8℃	25.0℃
室温	22.3℃	21.1℃	20.8℃	22.3℃	21.1℃	20.8℃

や内部の発熱、多数のヒューズつき開閉器を連結して接続したことによる干渉発熱などが複合的に作用し、配線器具と電線接続部で応力緩和（緩み）を生じさせ、接続部位での微小放電が引き金となって赤熱現象が発生。1 200 ℃以上の発熱で、開閉器はもちろん、DIN レールや銅バーを焼損、溶断させて火災を引き起こしたと判断できる。

【6】防止策

接続部の「緩み」対策では、それぞれの接続方法に対して把握率を高める方法を検討するべきである。筆者の見解では、締めつけタイプの接続方法では指定トルクを3回の「締めつけ～戻し」を繰り返し、4回目で締めつけることで把握率を高めることができるので、この作業を推奨したい。

さらに、干渉発熱については、本件のように開閉器を連結して接続する場合、5つ程度を連結し、約1つ分のすき間を空けることが干渉発熱の防止に効果的だと考えられる。

29 事故防止のための心得

電気事故につながる原因への認識

【1】事故防止に必要な施工業者と保守管理者、需要家の関係

電気設備の事故を防止する方法として、発生につながる要因を検討する必要がある。

この場合、電気設備の施工業者（電気工事士など）、保守管理者（電気主任技術者など）、そして、使用者（需要家）の3者が、それぞれの分野で防止策を徹底することが重要である（**第1図**）。

特に、第1図のD領域は施工業者、保守管理者、需要家の3者が一体となって電気設備の事故防止策に取り組み、事故の発生率は極めて低いと判断できる。

また、A、Bの領域は施工業者と保守管理者は対策に積極的だが、需要家は設備の耐用年数や経年劣化への認識不足で非協力的な傾向が強く、電気事故につながる危険性がある。

A、Cの領域は施工業者と需要家は事故防止策を徹底しているが、保守管理者は事故防止策への認識が薄いといえる。

さらに、B、Cの領域は保守管理者と需要家は取り組んでいるが、施工業

第1図　事故防止に必要な施工業者、保守管理者、需要家の関係

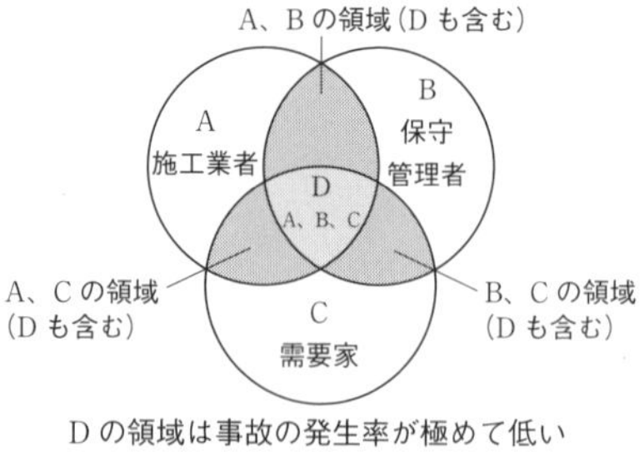

者の施工ミスや施工不良などで事故の発生率が高くなる。

第１図の領域を論理回路で示すと**第２図**となり、３者が完璧な責務を果たすことによって事故の発生を皆無にすることが可能である。ただし、１者でも責務を果たさなかった場合には事故発生につながることになる。

【２】３者に必要な知識と技術、技能

電気事故の多くはヒューマンエラーが要因であるため、施工業者や保守管理者、需要家はヒューマンエラーの発生防止に取り組む姿勢が重要となる。ここで、３者の心得を以下に示す。

❶施工業者の責務

電気は誤った取り扱いや施工によって重大な事故につながる。したがって、国家資格を所有した技術者の施工が前提条件である。施工業者は以下のような心構えで作業にあたることを提言する。

・施工内容を十分に理解し、手順を明確にする。

・施工内容に必要な知識（技術基準、規定、技術マニュアルや指示書など）を理解する。

・施工内容に対する技術、技能が十分であること。特に、電気事故の発生要因などを認識しておくことも重要である。

・作業者の体調はノーマルクリア、またはクリア状態であること。

❷保守管理者の責務

保守管理者は需要家の規模に違いによって広範囲な設備管理が必要となる。特に、日常点検では設備が稼働状態となっていることが多く、当然、受電電圧の違いによって取り扱いの危険度も高くなるため、設備自体の理解などを熟知しておくことが重要だ。

保守管理については下記の心構えを提言する。

第２図　第１図で示した領域の論理回路

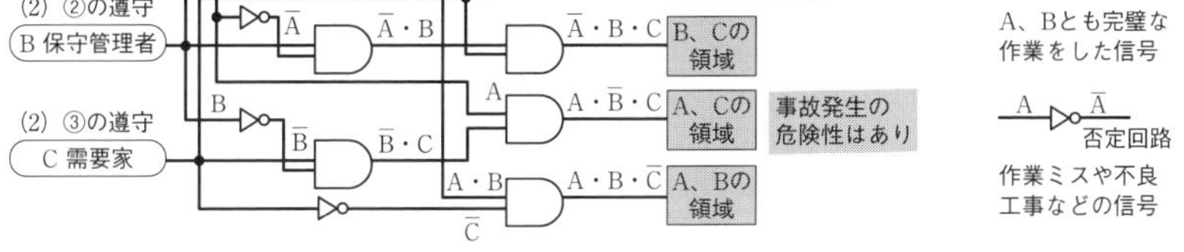

・設備内容を十分に理解し、保安管理規定に基づき、作業手順を明確にすること。

・点検内容に応じた知識と、点検に必要な機器などの取り扱いと熟知していること。

・点検作業に必要な技術、技能が十分であること。特に、保守管理上で発生する主な事故例などの認識もしておくことが重要である。

❸需要家の責務

需要家は設備の概要を理解し、保守管理体制を把握して、いつでも保守管理者や施工業者に対応可能な知識が必要である。需要家に必要な心構えとして、下記を提言する。

・保全管理の内容を理解し、保守管理者の提言に基づいて対応可能な知識が必要である。

・設備機器などの保全方法を十分に理解しておかなければならない。例えば、異常時には、予防保全とするか、事後保全で対応するかについて設備等の重要性を認識しておくことも必要である。

・設備機器の耐用年数などを十分に理解しておく必要がある。

なお、3者に対して、作業時に最も重要なことを挙げておく。

施工業者 常に完璧な作業に徹し、終了後は徹底した確認を行うべし！

保守管理者 保守管理は微細にわたる安全確保と、二重、三重の安全確認に徹するべし！

需要家 保全管理手法を理解し、保守管理者を信頼すべし！

業務に携わる者は互いに信頼関係を築き、完璧な作業に徹する必要がある。

COLUMN

30 首里城の火災に対する見解

首里城、火災捜査が終結

2020 年 10 月 31 日の未明に発生した首里城の火災について、同年 11 月 17 日づけの読売新聞で「溶けた配線、原因見えず」との見出しが載り、特定が難航していると報じられた。記事内では「今のところ配線などの溶けた跡が唯一の証拠だが、いずれも火災によるダメージが大きい。焼失した物も多く、原因特定は非常に難しい」という沖縄市消防局のコメントも掲載され、沖縄県警は科学捜査研究所で回収した資料を解析すると発表していた。

なお、同紙には筆者もコメントを寄せ、ここで「溶けた部分の金属組織の形を調べれば、出火元かどうか識別できる可能性がある。ただし、解明には相当の時間がかかるだろう」と指摘した。

1 月 31 日に文化庁が発表した、国連教育・科学・文化機関（ユネスコ）に提出した報告書（1 月 29 日づけ）によると、出火原因について「電気系統によるものが有力だが、引き続き調査中」と記載。一方、さまざまなメディアで原因が特定されないまま捜査を終了したと報じられた。1 月 29 日のことである。

そこで、幾多もの大規模な電気事故の原因解明に携わってきた経験から、首里城の火災における原因解明について検討してみる。なお、筆者は火災現場や焼損した分電盤、コードの溶融痕などを観察していないため、新聞やテレビの報道、記者からの取材時で得た情報から原因について考察する。

メディアから得た情報

ここで、新聞やテレビなど、各メディアから得た情報を整理してみる。

- 炎の勢いが激しく、電気設備を含めた建物全体が壊滅的な焼損状態となったため、物的状況から原因を解明することは困難な状態であった。
- 電気を供給する引き込み線の 1 カ所と、2 台のスタンド照明に電気を送る延長コードの約 30 カ所に、ショートなどで発生する焼け溶けた跡がみつかった。延長コードは市販品で、地面にはわせていた。
- 分電盤は正殿各階の照明などにも電気を供給しているが、毎日、午後 9 時半に自動でブレーカが落ち、停止する仕組みとなっていた。しかし、延長コードは別回路で出火当時も通電していた可能性がある。
- 分電盤は数メートル四方の大きさで、内部は完全な焼損状況であった。
- 火災は 10 月 31 日の未明に発生。午前 2 時 34 分に正殿内のセンサが異常を感知している。
- 那覇市消防局の発表などに基づく「首里城正殿内の電気系統図のイメージ」を**第 1 図**に示す。

なお、消防は「出火時間帯に正殿を外部から撮影していた防犯カメラが強力な白い光をとらえていたことや、正殿内の防犯カメラの電源が切れていたこ

COLUMN

第 1 図　首里城正殿内の電気系統イメージ図（那覇市消防局の発表より作成）

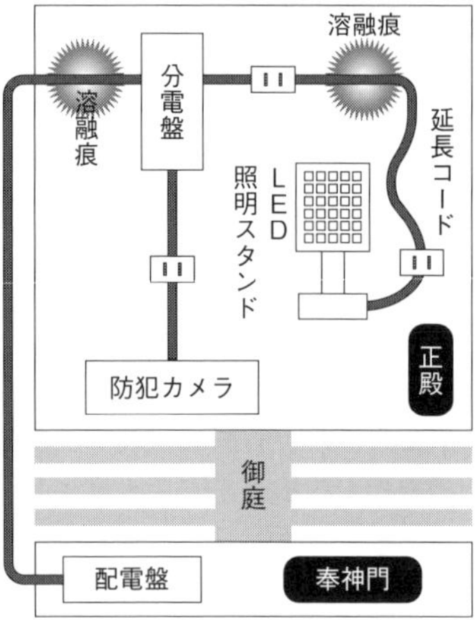

ともトラブルを示唆するものとみている」とのコメントを発表した。

上記から、電気火災につながる原因について、下記の方法で検討する。

①電気設備に関連する法的な問題
②分電盤内の焼損状況からの検証
③延長コードに生じた 30 カ所の溶融痕についての検証
④分電盤への引き込み線に生じた溶融痕の検証
⑤関連した文献からの推定

検証方法に対する具体的な考え方

(1)電気設備に関連する法的な問題

本件は受電設備を有する自家用電気工作物であることから、電気設備を仮設、変更にあたっては主任技術者の管理下で行われていたか。例えば、2 台のスタンド照明への配線方法について、使用された市販のコードが露出工事として適切であったか。特に、重要文化財に等しい建物であることから、壁などへの露出配線は不可といえる。

したがって、配線方法は床などに「ころがし配線」が行われたものとするなら、電線の種類も限定され、コード自体に保護対策が行われていたかどうかの問題が生じる。

また、コード自体の絶縁劣化や電線こう長と許容電流の関係など、第一種電気工事士や認定従事資格者などの管理の下、仮設工事が「電気設備に関する技術基準を定める省令」に適合し、なおかつ、主任技術者の確認が行われたかどうかが重要である。仮に、前述の条件を満たしていないなら、違法な工事が行われたと判断できる。

(2)分電盤内の焼損状況からの検証

現物を確認できないため、筆者が過去に経験した同様の焼損事例から推定してみる。

分電盤の規模から相当数の分岐回路用配線用遮断器(MCCB)が設置されていたと判断できる。この分電盤内には分岐幹線の銅バーに、多数の分岐回路用配線用遮断器との接続部が存在する。接続部分や銅バーに放電痕や溶融痕、あるいは溶断の有無の確認が必要である。仮に、これらの痕跡が確認できたら、1100℃以上の過熱があったと判断できる。

これは盤内で「赤熱現象」が発生したことを示している。導体接続部の接触不良で容易に発生し、1～2A程度の電流が流れ続ける間、1100℃以上の発熱が続き、銅バーや銅導体の赤熱化が増殖を続ける。このときの発熱が可燃性物質に着火し、火災を引き起こす。

これは、前述した「出火当時に通電していた可能性がある」に一致する。また、分電盤内で赤熱現象が発生していたとすれば、わずかな電流変化で飛散現象が起こり、分電盤内の電線やケーブルなどに着火し、火災を引き起こす原因になる。これに伴い、多数の溶融痕が発生したと思われる。

したがって、分電盤内からの発火原因を推定することも可能である。分電盤内の主遮断器は防災用電源供給用で、毎日、午後9時半に自動ブレーカが遮断してもセンサが異常感知するまでは通電状態であったといえる。

(3) 延長コードに生じた30カ所の溶融痕についての検証

溶融痕は一次痕と二次痕に分けられ、一次痕は電気火災の原因になった溶融痕で、二次痕は火災原因がほかにあって延焼中の加熱で発生した溶融痕である。これらは特徴があり、一次痕は常温時にトラッキングなどによって短絡し、急激に銅が溶融温度に達したため金属組織に特徴が出る。二次痕は銅が加熱された状態で短絡したことから、一次痕の金属組織と異なる。したがって、溶融痕をカットし、顕微鏡や電子顕微鏡により観察することで金属組織の違いから判断することも考えられる。

なお、本件の場合、一次痕に相当するものは30カ所のなかで最も電源側（分電盤）から遠い溶融痕であった（スタンド照明に近いもの）。その理由は、短絡することによって、当然、配線用遮断器が動作するためである。

したがって、30カ所の溶融痕の多くは二次痕によるものと推定される。ただし、コードを束ねた状態でスタンド照明に電気を供給していた場合、束ねた部分のコードが干渉発熱により発火することも推定される（このとき、束ねた部分には多数の溶融痕が発生する）。

(4) 分電盤への引き込み線に生じた溶融痕についての検証

分電盤への引き込み線に生じた溶融痕が一次痕だとすれば、コードに生じた溶融痕はすべて二次痕だと推定される。したがって、一次痕だとすれば分電盤への電源供給はストップされる。メディアでは、消防は「溶融痕の分析が重要だと判断している」と書いている。

(5) 関連した文献からの推定

火災原因を解明するために参照した

COLUMN

文献を以下に示す。

・電気設備の施工に係る事故の原因と対策(株式会社トーエネック「TD レポート」 vol.23、2007 年)
・家電製品の発火事故原因究明マニュアル 2010 (独立行政法人 製品評価技術基盤機構、2010 年)
・類似の事故原因調査報告書多数

結論と対策

今回の検証結果からの推定は、前述のとおり、火災現場や焼損した分電盤、溶融痕の生じた引き込み線、30 カ所の溶融痕を生じたコードなどの確認、分析ができないため、火災原因が電気によるものか否かについての判断は極めて困難といえる。

ただし、電気火災が原因とすれば、1 100℃を超える高熱や火花が飛散する赤熱現象により分電盤内の可燃性物質に着火し、火災を引き起こしたと推定することもできる。

重要文化財ともいえる貴重な建物が火災によって焼失したことは、言葉に表現することができないほど失意に満ちている。すべての国民が同じ気持ちを抱いているだろう。

このような事故が 2 度と起こらないように、事故の発生原因を徹底的に解明する必要がある。そのためにも、現場に精通した技術者を含めた原因究明の調査委員会を立ち上げ、解明に着手すべきである。これにより、日本の貴重な財産でもある重要文化財の保護にもつながると考えられる。

あとがき

電気事故の発生原因を調べると、施工時の些細な作業ミスが経年劣化によって大きな事故につながっていること。また、設備管理では事故につながる原因を見誤って事故を引き起こしていることがわかる。これを防止するためには、さまざまな現象を的確にとらえて、事前に予防保全を行うことが重要である。

事故の発生で膨大な損害につながっている事実に直面して、なぜ、このような状況になる前に対処しなかったのか、不思議に思うばかりである。

本書に記載できない大規模な事故についても、発生原因の解明を数多く行ってきた。そのいずれにも本書に記載した電気事故の発生原因を理解し、共有することで、電気事故の発生防止に少しでも役に立てばと筆を執った次第である。

本書の出版にあたり、オーム社の関係者に謝意を述べる。

参考文献

中野弘伸「電気事故の原因解明調査報告書」

中野弘伸「漏電遮断器の接続信頼性に関する研究」

中野弘伸ほか「欠相事故調査資料」

中野弘伸ほか「銅導体接続部の赤熱現象と接続不良箇の検出法」
(電気設備学会誌Vol.22 2002 No.2)

中野弘伸ほか「接地極からの漏れ電流を想定した電流による
植物の発芽と成長に関する一考察」
(電気設備学会誌Vol.21 2001 No.10)

中野弘伸「抵抗に関する事項」
(電気設備学会誌Vol.13 1993 No.11)

中野弘伸ほか「電子・電気製品の発火不良原因の究明技術と安全対策」
(技術情報協会2009.3 P229～257)

中野弘伸ほか「安全管理技術」
(一般社団法人 実践教育訓練学会 1999.11 P229～257)

中野弘伸ほか「建築設備システムデザイン　快適環境と設備の知識」
(株式会社理工図書 1997.4 P239～270)

中野弘伸ほか「特級技能士のための管理・監督の知識」
(一般財団法人 職業訓練教材研究会 2003.8 P319～335)

「電気工学ハンドブック」
(一般社団法人 電気学会 編)

「内線規程」
(一般社団法人 日本電気協会)

「電気設備の技術基準とその解釈」
(一般社団法人 日本電気協会)

松前達郎、木村　登「電気材料—その性質と応用」
(東海大学出版会、1969年)

高橋健彦 著、川瀬太郎 監修「図解 接地技術入門」
(株式会社オーム社、1986年)

Index

あ

か

さ

ま

中野弘伸

Nakano Hironobu

略歴

職業訓練大学校　電気工学科卒業
職業能力開発総合大学校　名誉教授（工学博士）
電気導体接続部の劣化に関する研究および電気設備の安全技術に関する研究に従事

現：東京電気管理技術者協会理事
　日本サイン協会顧問

元：電気設備学会理事
　電気技術者試験センター理事
　建設業振興基金理事
　電気工事講習センター理事

委員等

現：電気工事施工管理技士検定員
　UR総合評価委員
　需要設備専門部会委員および保安管理分科会長

元：技能五輪国際大会日本技術代表
　中央建設工事紛争審査会（委員および特別委員）
　総合評価委員（国交省）
　東日本大震災に係る公共設備の機能維持に関する検討委員（国交省）
　技術士試験委員
　建築設備士試験委員
　第一種電気工事士試験委員
　IECSC23A国内委員長
　海外技術調査および技術支援（JICA）など多数

ほか委員多数

表彰

国土交通大臣賞、労働大臣賞、海上幕僚長賞
千葉県知事賞、電気設備学会会長賞

渋沢賞2回（保安功労、開発）、電気科学奨励賞

ほか受賞多数

著書等

現場技術者のためのPC読本（オーム社）
Sequence　Control　（OVTA）

電気／電気製品の発火・不良原因の究明技術と安全対策
（共著：技術情報協会）

安全管理技術（共著：実践教育訓練協会）
新JIS基づく外部雷保護システムの設計施工実務（監修：電設工業協会）
防災設備に関する指針（監修：電設工業協会）

事故防止ハンドブック（監修：全日電工連）

ほか共著、監修等多数
　特許および技術講演多数

以上

- 本書の内容に関する質問は、オーム社ホームページの「サポート」から、「お問合せ」の「書籍に関するお問合せ」をご参照いただくか、または書状にてオーム社編集局宛にお願いします。お受けできる質問は本書で紹介した内容に限らせていただきます。なお、電話での質問にはお答えできませんので、あらかじめご了承ください。
- 万一、落丁・乱丁の場合は、送料当社負担でお取替えいたします。当社販売課宛にお送りください。
- 本書の一部の複写複製を希望される場合は、本書扉裏を参照してください。

JCOPY ＜出版者著作権管理機構 委託出版物＞

Dr. 中野が徹底解析する30のキーポイント

電気事故の発生原因と対策

2022 年 6 月 15 日　　第 1 版第 1 刷発行

著　者　中 野 弘 伸

発行者　村 上 和 夫

発行所　株式会社 オーム社

郵便番号　101-8460

東京都千代田区神田錦町 3-1

電話　03(3233)0641(代表)

URL　https://www.ohmsha.co.jp/

© 中野弘伸 *2022*

組版　さくら工芸社　　印刷・製本　三美印刷

ISBN978-4-274-22762-2　Printed in Japan

本書の感想募集　https://www.ohmsha.co.jp/kansou/

本書をお読みになった感想を上記サイトまでお寄せください。

お寄せいただいた方には、抽選でプレゼントを差し上げます。